北京金山办公软件股份有限公司推荐教材
高等职业教育系列教材

WPS办公应用案例教程

主编◎刘万辉 曹亚兰
参编◎侯丽梅 司艳丽
北京金山办公软件股份有限公司 审定

机械工业出版社
CHINA MACHINE PRESS

本书分为 WPS 文字、WPS 表格、WPS 演示三大模块，共 14 个案例，所选案例均与日常工作密切相关，注重技能的渐进性和学生综合应用能力的培养。其中，WPS 文字部分选择了制作劳动模范个人简历、制作特色农产品订购单、制作大学生志愿者"三下乡"面试流程图、制作春节贺卡、期刊文章的编辑与排版 5 个案例；WPS 表格部分选择了制作技能竞赛选手信息表、创业学生社保情况统计、制作特色农产品销售图表、大学生技能竞赛成绩情况分析、大学生创业企业日常费用分析 5 个案例；WPS 演示部分选择了垃圾分类宣传演示文稿制作、创业宣传演示文稿制作、汽车行业数据图表演示文稿制作、诚信宣传动画制作 4 个案例。

本书既可作为高职高专院校 WPS 办公应用课程的教材，也可以作为选修和培训类用书。

本书配有丰富的数字化学习资源，其中包含微课视频、WPS 电子课件、案例素材与效果文件等。其中微课视频，扫描书中二维码即可观看；需要电子课件、案例素材文件及效果文件的教师可登录机械工业出版社教育服务网（www.cmpedu.com）免费注册，审核通过后下载，或联系编辑索取（微信：13261377872，电话：010-88379739）。

图书在版编目（CIP）数据

WPS 办公应用案例教程 / 刘万辉，曹亚兰主编. —北京：机械工业出版社，2022.9（2024.8 重印）

高等职业教育系列教材

ISBN 978-7-111-71262-6

Ⅰ. ①W… Ⅱ. ①刘… ②曹… Ⅲ. ①办公自动化-应用软件-高等职业教育-教材 Ⅳ. ①TP317.1

中国版本图书馆 CIP 数据核字（2022）第 133731 号

机械工业出版社（北京市百万庄大街 22 号　邮政编码 100037）
策划编辑：王海霞　　责任编辑：王海霞
责任校对：张艳霞　　责任印制：李　昂
北京捷迅佳彩印刷有限公司印刷
2024 年 8 月第 1 版·第 2 次印刷
184mm×260mm·13.5 印张·332 千字
标准书号：ISBN 978-7-111-71262-6
定价：59.00 元

电话服务　　　　　　　　　　　网络服务
客服电话：010-88361066　　　　机 工 官 网：www.cmpbook.com
　　　　　010-88379833　　　　机 工 官 博：weibo.com/cmp1952
　　　　　010-68326294　　　　金 书 网：www.golden-book.com
封底无防伪标均为盗版　　　　　机工教育服务网：www.cmpedu.com

Preface 前言

随着信息技术与网络技术的迅速发展和广泛应用，许多企事业单位对工作人员的办公软件应用能力提出了更高的要求。本书以"提升学生就业能力"为原则，参考教育部考试中心（现更名为教育部教育考试院）制定的《全国计算机等级考试二级 WPS Office 高级应用与设计考试大纲（2021 年版）》中对 WPS 高级应用与设计的要求，通过案例的形式，对 WPS 文字、WPS 表格、WPS 演示的使用进行了重点讲解，将知识点融入案例之中，让学生在循序渐进中掌握相关技能。

1. 本书内容

本书分为 WPS 文字、WPS 表格、WPS 演示三大模块，共 14 个案例，所选案例均与日常工作密切相关，注重技能的渐进性和学生综合应用能力的培养。其中，WPS 文字部分选择了制作劳动模范个人简历、制作特色农产品订购单、制作大学生志愿者"三下乡"面试流程图、制作春节贺卡、期刊文章的编辑与排版 5 个案例；WPS 表格部分选择了制作技能竞赛选手信息表、创业学生社保情况统计、制作特色农产品销售图表、大学生技能竞赛成绩情况分析、大学生创业企业日常费用分析 5 个案例；WPS 演示部分选择了垃圾分类宣传演示文稿制作、创业宣传演示文稿制作、汽车行业数据图表演示文稿制作、诚信宣传动画制作 4 个案例。

2. 体系结构

本书的每个案例都采用"案例简介"→"案例实现"→"案例小结"→"经验技巧"→"拓展练习"的结构。

1）案例简介：简要介绍案例的背景、制作要求、涉及的知识点和知识技能目标。

2）案例实现：详细介绍案例的解决方法与操作步骤。

3）案例小结：对案例中涉及的知识点进行归纳总结，并对案例中需要特别注意的知识点进行强调和补充。

4）经验技巧：对案例中涉及知识的使用技巧进行提炼，提高实践技能与效率。

5）拓展练习：结合案例中讲解的内容布置难易适中的实践任务，通过练习，达到巩固所学知识的目的。

3. 本书特色

本书内容简明扼要、结构清晰，案例丰富、强调实践；图文并茂、直观明了，帮助学生在完成案例的过程中学习相关的知识和技能，提升自身的综合职业素养和能力；将课程思政元素自然融入 WPS 文字、WPS 表格、WPS 演示的各个案例中，将劳模精神、乡村振兴、传统文化、大学生双创精神融入案例，从而达到思政教育如风入林，如盐入水。

4. 教学资源

本书配有微课视频、WPS 电子课件、素材与效果文件。

本书由刘万辉、曹亚兰主编。编写分工为：侯丽梅编写了案例 1~5，司艳丽编写了案例 6~10，曹亚兰编写了案例 11、12，刘万辉编写了案例 13、14。

由于编者水平和能力有限，书中难免存在错漏与不足之处，恳请广大读者批评指正。

编　　者

目 录 Contents

前言

案例 1　制作劳动模范个人简历 ………………………………… 1

1.1　案例简介 ……………………………………………1
 1.1.1　案例需求与效果展示 …………………1
 1.1.2　案例目标 ………………………………2
1.2　案例实现 ……………………………………………2
 1.2.1　WPS 文档的新建 ……………………2
 1.2.2　页面设置 ………………………………3
 1.2.3　设置文档背景 …………………………3
 1.2.4　制作个人基本情况版块 ………………5
 1.2.5　制作水稻研究版块 ……………………9
 1.2.6　制作荣誉与成就版块 …………………11
 1.2.7　保存文档 ………………………………13
1.3　案例小结 ……………………………………………14
1.4　经验技巧 ……………………………………………15
 1.4.1　录入技巧 ………………………………15
 1.4.2　编辑技巧 ………………………………16
1.5　拓展练习 ……………………………………………17

案例 2　制作特色农产品订购单 ………………………………… 19

2.1　案例简介 ……………………………………………19
 2.1.1　案例需求与效果展示 …………………19
 2.1.2　案例目标 ………………………………20
2.2　案例实现 ……………………………………………20
 2.2.1　创建表格 ………………………………20
 2.2.2　合并和拆分单元格 ……………………21
 2.2.3　输入与编辑表格内容 …………………23
 2.2.4　表格美化 ………………………………25
 2.2.5　表格数据计算 …………………………27
2.3　案例小结 ……………………………………………29
2.4　经验技巧 ……………………………………………30
 2.4.1　WPS 文字表格自动填充 ……………30
 2.4.2　表格标题跨页设置 ……………………31
2.5　拓展练习 ……………………………………………31

案例 3　制作大学生志愿者"三下乡"面试流程图 … 33

3.1　案例简介 ……………………………………………33
 3.1.1　案例需求与效果展示 …………………33
 3.1.2　案例目标 ………………………………33
3.2　案例实现 ……………………………………………34
 3.2.1　制作面试流程图标题 …………………34
 3.2.2　绘制与编辑形状 ………………………35
 3.2.3　绘制流程图框架 ………………………37
 3.2.4　绘制连接符 ……………………………38

3.2.5　插入图片 ································· 39
3.3　案例小结 ····································· 40
3.4　经验技巧 ····································· 41
　　3.4.1　录入技巧 ································· 41
　　3.4.2　绘图技巧 ································· 42
3.5　拓展练习 ····································· 43

案例 4　制作春节贺卡 ································· 44

4.1　案例简介 ····································· 44
　　4.1.1　案例需求与效果展示 ············· 44
　　4.1.2　案例目标 ································· 44
4.2　案例实现 ····································· 45
　　4.2.1　创建主文档 ···························· 45
　　4.2.2　邮件合并 ································· 49
　　4.2.3　制作标签 ································· 51
4.3　案例小结 ····································· 52
4.4　经验技巧 ····································· 53
　　4.4.1　录入技巧 ································· 53
　　4.4.2　编辑技巧 ································· 54
4.5　拓展练习 ····································· 54

案例 5　期刊文章的编辑与排版 ··········· 56

5.1　案例简介 ····································· 56
　　5.1.1　案例需求与效果展示 ············· 56
　　5.1.2　案例目标 ································· 57
5.2　案例实现 ····································· 57
　　5.2.1　页面设置 ································· 57
　　5.2.2　插入封面 ································· 59
　　5.2.3　应用与修改样式 ······················ 59
　　5.2.4　新建图片样式 ·························· 63
　　5.2.5　交叉引用 ································· 65
　　5.2.6　设置页脚 ································· 66
5.3　案例小结 ····································· 67
5.4　经验技巧 ····································· 68
　　5.4.1　排版技巧 ································· 68
　　5.4.2　长文档技巧 ····························· 68
5.5　拓展练习 ····································· 70

案例 6　制作技能竞赛选手信息表 ········· 72

6.1　案例简介 ····································· 72
　　6.1.1　案例需求与效果展示 ············· 72
　　6.1.2　案例目标 ································· 72
6.2　案例实现 ····································· 73
　　6.2.1　建立竞赛选手基本表格 ········· 73
　　6.2.2　自定义参赛号格式 ················· 74
　　6.2.3　制作性别、所在专业下拉列表 ··· 75
　　6.2.4　设置年龄数据验证 ················· 76
　　6.2.5　输入身份证号与联系方式 ····· 77
　　6.2.6　输入初赛成绩 ························· 78
6.3　案例小结 ····································· 81
6.4　经验技巧 ····································· 81

6.4.1	拒绝输入重复值 ········· 81	6.4.3	巧用"合并相同单元格"命令 ······ 83
6.4.2	快速输入性别 ············ 82	6.5	拓展练习 ············· 83

案例 7 创业学生社保情况统计 ············· 85

7.1	案例简介 ············· 85	7.2.4	计算员工社保 ·········· 91
7.1.1	案例需求与效果展示 ······ 85	7.3	案例小结 ············· 92
7.1.2	案例目标 ············· 85	7.4	经验技巧 ············· 94
7.2	案例实现 ············· 86	7.4.1	数据核对 ············ 94
7.2.1	校对员工身份证号 ······· 86	7.4.2	使用公式求值分步检查 ····· 95
7.2.2	完善员工档案信息 ······· 89	7.4.3	识别函数或公式中的常见错误 ··· 95
7.2.3	计算员工工资总额 ······· 90	7.5	拓展练习 ············· 96

案例 8 制作特色农产品销售图表 ············ 98

8.1	案例简介 ············· 98	8.2.3	图表的美化 ··········· 104
8.1.1	案例需求与效果展示 ······ 98	8.3	案例小结 ············· 104
8.1.2	案例目标 ············· 98	8.4	经验技巧 ············· 108
8.2	案例实现 ············· 99	8.4.1	快速调整图表布局 ······· 108
8.2.1	创建图表 ············· 99	8.4.2	WPS 表格打印技巧 ······· 109
8.2.2	图表元素的添加与格式设置 ··· 100	8.5	拓展练习 ············· 110

案例 9 大学生技能竞赛成绩情况分析 ········· 111

9.1	案例简介 ············· 111	9.2.4	数据分类汇总 ·········· 119
9.1.1	案例需求与效果展示 ······ 111	9.3	案例小结 ············· 120
9.1.2	案例目标 ············· 112	9.4	经验技巧 ············· 121
9.2	案例实现 ············· 112	9.4.1	按类别自定义排序 ······· 121
9.2.1	合并计算 ············· 112	9.4.2	粘贴筛选后的数据 ······· 122
9.2.2	数据排序 ············· 115	9.5	拓展练习 ············· 122
9.2.3	数据筛选 ············· 116		

案例 10 　大学生创业企业日常费用分析 ……………125

10.1 　案例简介 …………………………125
- 10.1.1 　案例需求与效果展示 ………125
- 10.1.2 　案例目标 ……………………125

10.2 　案例实现 …………………………126
- 10.2.1 　创建数据透视表 ……………126
- 10.2.2 　添加报表筛选页字段 ………127
- 10.2.3 　增加计算项 …………………128
- 10.2.4 　数据透视表的排序 …………128
- 10.2.5 　数据透视表的美化 …………129

10.3 　案例小结 …………………………131

10.4 　经验技巧 …………………………134
- 10.4.1 　更改数据透视表的数据源 …134
- 10.4.2 　更改数据透视表的报表布局 …134
- 10.4.3 　快速取消"总计"列 ………135
- 10.4.4 　使用切片器快速筛选数据 …135

10.5 　拓展练习 …………………………136

案例 11 　垃圾分类宣传演示文稿制作 ……………138

11.1 　案例简介 …………………………138
- 11.1.1 　案例需求与效果展示 ………138
- 11.1.2 　案例目标 ……………………140

11.2 　案例实现 …………………………140
- 11.2.1 　WPS 演示文稿框架策划 ……140
- 11.2.2 　WPS 演示文稿页面草图设计 …140
- 11.2.3 　创建文件并设置幻灯片大小 …141
- 11.2.4 　封面的制作 …………………142
- 11.2.5 　目录的制作 …………………145
- 11.2.6 　正文页的制作 ………………146
- 11.2.7 　封底的制作 …………………147

11.3 　案例小结 …………………………148

11.4 　经验技巧 …………………………148
- 11.4.1 　WPS 演示文稿的排版与字体巧妙使用 …148
- 11.4.2 　图片效果的应用 ……………150
- 11.4.3 　多图排列技巧 ………………152
- 11.4.4 　WPS 演示文稿界面设计的 CRAP 原则 …153

11.5 　拓展练习 …………………………155

案例 12 　创业宣传演示文稿制作 ……………157

12.1 　案例简介 …………………………157
- 12.1.1 　案例需求与效果展示 ………157
- 12.1.2 　案例目标 ……………………158

12.2 　案例实现 …………………………158
- 12.2.1 　认识幻灯片母版 ……………158
- 12.2.2 　标题幻灯片版式的制作 ……159
- 12.2.3 　目录幻灯片版式的制作 ……161
- 12.2.4 　过渡页幻灯片版式的制作 …162
- 12.2.5 　正文页幻灯片版式的制作 …162
- 12.2.6 　封底幻灯片版式的制作 ……163
- 12.2.7 　版式的使用 …………………164

12.3 　案例小结 …………………………164

12.4 　经验技巧 …………………………164

12.4.1	封面设计技巧	164	12.4.4 封底设计技巧	170
12.4.2	导航系统设计技巧	167	12.5 拓展练习	170
12.4.3	正文页设计技巧	169		

案例 13　汽车行业数据图表演示文稿制作 …………172

13.1 案例简介 …………172
　13.1.1 案例需求与效果展示 …………172
　13.1.2 案例目标 …………174
13.2 案例实现 …………174
　13.2.1 案例分析 …………174
　13.2.2 封面与封底的制作 …………174
　13.2.3 目录的制作 …………175
　13.2.4 过渡页的制作 …………179

　13.2.5 数据图表页面的制作 …………179
13.3 案例小结 …………186
13.4 经验技巧 …………186
　13.4.1 表格的应用技巧 …………186
　13.4.2 绘制自选图形的技巧 …………188
　13.4.3 智能图形的应用技巧 …………190
13.5 拓展练习 …………191

案例 14　诚信宣传动画制作………………………………193

14.1 案例简介 …………193
　14.1.1 案例需求与效果展示 …………193
　14.1.2 案例目标 …………193
14.2 案例实现 …………194
　14.2.1 插入文本、图片、背景音乐相关元素 …………194
　14.2.2 动画的构思设计 …………195
　14.2.3 制作入场动画 …………195

　14.2.4 输出片头动画视频 …………198
14.3 案例小结 …………198
14.4 经验技巧 …………200
　14.4.1 片头动画设计实现 …………200
　14.4.2 WPS 演示中视频的应用 …………203
　14.4.3 WPS 演示中幻灯片的放映 …………204
14.5 拓展练习 …………204

参考文献 …………206

案例 1　制作劳动模范个人简历

1.1　案例简介

1.1.1　案例需求与效果展示

为了调动员工的积极性，增加员工的工作热情，某研究所开展了"向劳模学习"的活动。活动要求每个部门选择一个自己喜欢的劳模并进行事迹宣讲。研发部的小李打算为自己的偶像袁隆平院士制作一份简历并进行宣讲，效果如图 1-1 所示。

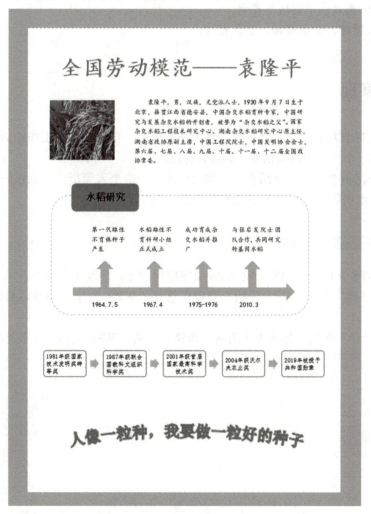

图 1-1　"个人简历"效果图

1.1.2 案例目标

知识目标：
- 了解文档的页面设置作用。
- 了解图片、艺术字、文本框、智能图形的作用。

技能目标：
- 掌握文档的新建、保存等基本操作。
- 掌握文档的页面设置。
- 掌握图片的插入与格式设置。
- 掌握形状的绘制与格式设置。
- 掌握艺术字的插入与格式设置。
- 掌握文本框的插入与格式设置。
- 掌握智能图形的插入与格式设置。

素养目标：
- 提升 WPS 高效应用的信息意识。
- 加强劳模精神、劳动精神、工匠精神。

1-1
文档新建与页面设置

1.2 案例实现

个人简历是对个人的一份简要介绍，包含基本信息、自我评价、工作经历、学习经历、荣誉与成就等内容。个人简历以简洁明了为最佳标准。

在本案例中，小李是为了介绍袁隆平院士而做的一份个人简历，所以在简历中主要包含了个人基本信息、水稻研究过程、荣誉与成就三部分的内容。

1.2.1 WPS 文档的新建

建立新的 WPS 文档，首先要启动 WPS 文字应用程序，启动步骤如下。

1）单击"开始"按钮，在"开始"菜单中选择"WPS 文字"命令，启动 WPS 文字应用程序。

2）单击"新建"按钮，如图 1-2 所示。新建一个空白 WPS 文档"文字文稿 1"。

图 1-2 "新建"按钮

1.2.2 页面设置

由于个人简历中涉及图片、形状、艺术字、文本框等内容，在插入对象之前需要对文档的页面进行设置。页面设置要求：纸张采用 A4 纸，纵向，上、下页边距为 2.5cm，左、右页边距为 3.2cm。具体操作步骤如下。

1）切换到"页面布局"选项卡，单击"纸张大小"按钮，在下拉列表中选择"A4"选项，如图 1-3 所示。

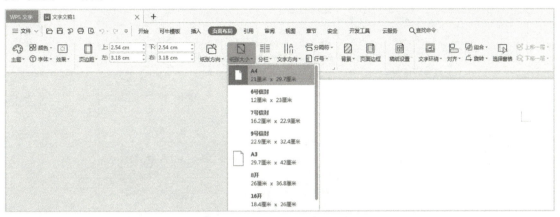

图 1-3 "纸张大小"下拉列表

2）将"页边距"中的"上""下"微调框的值设置为"2.5cm"，将"左""右"微调框的值设置为"3.2cm"，如图 1-4 所示。

图 1-4 设置"页边距"

1.2.3 设置文档背景

页面设置完成以后，将 WPS 中的形状设置为文档背景，具体操作步骤如下。

1-2 设置文档背景

1）切换到"插入"选项卡，单击"形状"按钮，在弹出的样式库中选择"矩形"栏中的"矩形"选项，如图 1-5 所示。

2）将鼠标移到文档中，鼠标指针变成十字指针，按住鼠标左键并拖动绘制一个与页面大小一致的矩形。

3）选中矩形，切换到"绘图工具"选项卡，单击"填充"下拉按钮，从下拉列表中选择"标准色"中的"橙色"选项，如图 1-6 所示。

4）单击"轮廓"下拉按钮，从下拉列表中选择"标准色"中的"橙色"选项，如图 1-7 所示。

5）单击"环绕"下拉按钮，从下拉列表中选择"衬于文字下方"选项，如图 1-8 所示。

6）使用同样的方法，在橙色矩形上方创建一个矩形，将所绘制矩形的"形状填充"和"形状轮廓"都设为"主题颜色"下的"白色，背景 1"选项，并在"环绕"下拉列表中选择"浮于文字上方"选项。效果如图 1-9 所示。

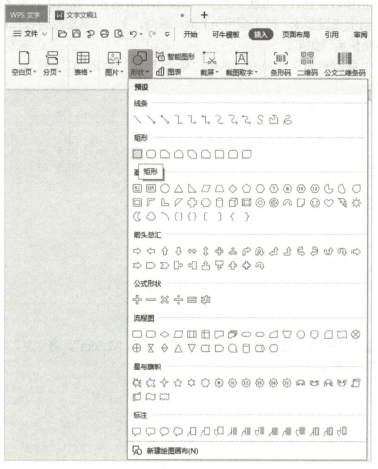

图 1-5　选择"矩形"选项

图 1-6　设置"填充"

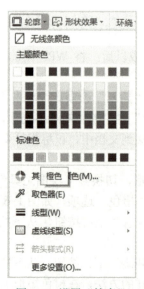

图 1-7　设置"轮廓"

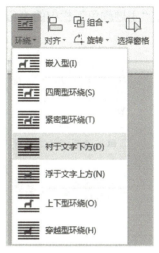
图1-8 设置"环绕"

图1-9 文档背景设置完成后的效果

> 提示：在 WPS 文字中，文档背景也可以通过单击"页面布局"选项卡中的"背景"按钮，选择其颜色面板中的颜色设置。

1.2.4 制作个人基本情况版块

从效果图（图 1-1）可以看出，个人简历共分为三个版块，第一个版块为个人基本情况，第二个版块为水稻研究过程，第三个版块为获得的荣誉。在个人基本情况版块中，文档的大标题使用 WPS 文字中的艺术字实现，标题下方的基本信息由 WPS 文字中的文本框实现，在基本信息的左侧利用图片进行装饰。

首先进行艺术字的插入，操作步骤如下。

1）切换到"插入"选项卡，单击"艺术字"按钮，从样式库中选择"渐变填充-金色，轮廓-着色4"选项，如图 1-10 所示。

2）在艺术字的文本框中输入文字"全国劳动模范——袁隆平"。

3）选中"全国劳动模范——袁隆平"字样，切换到"文本工具"选项卡，单击"字体"下拉按钮，从下拉列表中选择"楷体"，保持"字号"下拉列表框中的"小初"选项不变，保持"加粗"按钮被按下的状态不变，如图 1-11 所示。

图1-10 "艺术字"样式库

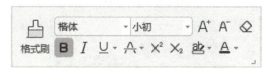
图1-11 设置"字体"与"字号"

4）单击"文本填充"下拉按钮，从下拉列表中选择"主题颜色"栏中的"巧克力黄，着色2"选项，如图 1-12 所示。

5）单击"文本轮廓"下拉按钮，从下拉列表中选择"主题颜色"栏中的"巧克力黄，着色2"选项，如图1-13所示。

图1-12 设置"文本填充"

图1-13 设置"文本轮廓"

6）单击"文本效果"下拉按钮，从下拉列表中选择"阴影"→"透视"→"左上对角透视"选项，如图1-14所示。

7）切换到"绘图工具"选项卡，单击"对齐"按钮，从下拉列表中选择"水平居中"选项，如图1-15所示。调整艺术字的水平位置，完成艺术字的设置。

图1-14 设置"文本效果"

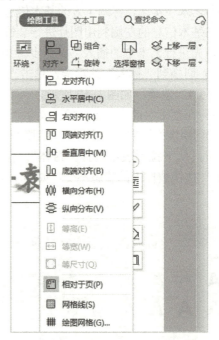

图1-15 设置"对齐"方式

艺术字设置完成后，进行图片的插入，操作步骤如下。

1）切换到"插入"选项卡，单击"图片"按钮，打开"插入图片"对话框，选择素材文件夹中的图片"照片"，如图 1-16 所示。单击"打开"按钮，完成图片的插入。

图 1-16 "插入图片"对话框

2）切换到"图片工具"选项卡，单击"环绕"按钮，从下拉列表中选择"浮于文字上方"选项，使被背景图形遮挡的图片显示出来。

3）使图片处于选中的状态，在"图片工具"选项卡中，保持"锁定纵横比"复选框的选中，设置"高度"微调框的值为"4.00 厘米"，设置"宽度"微调框的值为"3.72 厘米"，如图 1-17 所示。之后根据效果图将图片调整到艺术字的左下方。

在个人基本情况版块中最重要的内容就是个人基本信息的简单介绍，位于人物图片的右侧。利用 WPS 文字中的文本框实现此部分的制作。操作步骤如下。

1）切换到"插入"选项卡，单击"文本框"下拉按钮，在下拉列表中选择"横向"选项，如图 1-18 所示。

图 1-17 设置图片大小

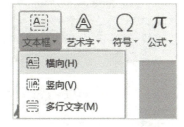

图 1-18 "文本框"下拉列表

2）将鼠标移到图片的右侧，鼠标指针变成十字指针，按住鼠标左键并向右下方拖动，在图片右侧绘制一个文本框。

3）打开素材文件夹中的文本文档"人物简介"，将其中的文本内容复制并粘贴到文本框中。

4）选中文本框，切换到"文本工具"选项卡，在"字体"下拉列表中选择"楷体"选项，保持字号为"五号"不变。

5）单击"段落"按钮，打开"段落"对话框，在"缩进"栏中，单击"特殊格式"下拉按钮，从下拉列表中选择"首行缩进"选项，保持"度量值"微调框的值不变，如图 1-19 所示。单击"确定"按钮，完成文本的段落格式设置。

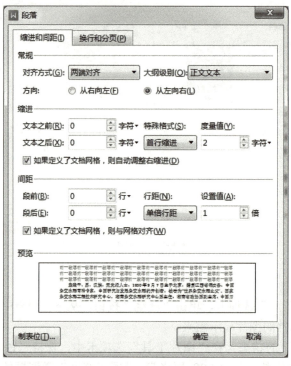

图 1-19 "段落"对话框

6）使文本框处于选中的状态，切换到"绘图工具"选项卡，单击"轮廓"下拉按钮，从下拉列表中选择"无线条颜色"选项，如图 1-20 所示。

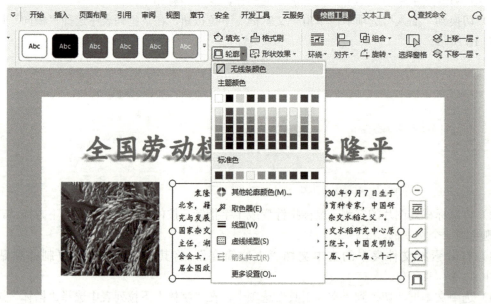

图 1-20 "轮廓"下拉列表

至此，个人简历中的基本情况版块制作完成，效果如图 1-21 所示。

图 1-21　个人基本情况版块的效果图

1.2.5　制作水稻研究版块

被誉为"杂交水稻之父"的袁隆平，将"发展杂交水稻，造福世界人民"作为终其一生的理想和追求。他长期致力于促进杂交水稻技术创新，并将其推广至全世界。利用自选图形结合文本框可以将水稻研究过程清晰、有条理地展现出来。为了增强整体效果，可以利用形状中的圆角矩形实现此版块的边框效果。操作步骤如下。

1-4 制作水稻研究版块

1）切换到"插入"选项卡，单击"形状"按钮，从样式库中选择"矩形"栏中的"圆角矩形"选项，如图 1-22 所示。将鼠标移到文档中，根据效果图利用鼠标在个人基本情况图片的右下方绘制一个圆角矩形。

图 1-22　选择"圆角矩形"选项

2）选中刚刚绘制的圆角矩形，切换到"绘图工具"选项卡，将"填充"和"轮廓"均设置为"主题颜色"栏中的"巧克力黄，着色 2"。

3）右击圆角矩形，在弹出的快捷菜单中选择"添加文字"命令，在选中的圆角矩形中输入文字"水稻研究"，选中输入的文本并将文字的字体设置为"宋体"，字号设置为"三号"，加粗。

4）利用同样的方法，绘制一个大的圆角矩形，作为此版块的边框。根据效果图调整此圆角矩形的大小和位置。选中大的圆角矩形，切换到"绘图工具"选项卡，设置"填充"为"无填充颜色"，在"轮廓"下拉列表中设置"颜色"为标准色中的"橙色"，选择"虚线线型"→"短划线"选项，如图1-23所示，选择"线型"→"0.5磅"选项。

5）为了不遮挡文字，右击虚线圆角矩形，从弹出的快捷菜单中选择"置于底层"→"下移一层"命令，如图1-24所示。

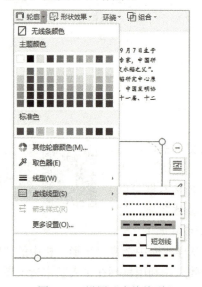
图1-23 设置"虚线线型"

图1-24 "下移一层"命令

版块的边框设置完成后，接下来利用文本框和箭头形状展现水稻研究的几个重要过程，操作步骤如下。

1）切换到"插入"选项卡，单击"形状"按钮，从样式库中选择"箭头总汇"中的"右箭头"选项，根据效果图，在对应的位置绘制一个水平箭头。

2）切换到"绘图工具"选项卡，设置"填充"为"标准色"中的"橙色"，设置"轮廓"为"标准色"中的"橙色"。

3）用同样的方法，绘制四个"上箭头"，调整箭头的位置并设置"形状填充"和"形状轮廓"颜色均为"标准色"中的"橙色"，效果如图1-25所示。

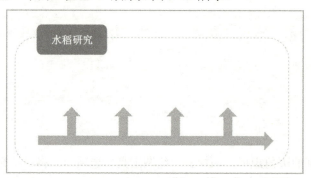
图1-25 完成箭头添加后的效果

4）切换到"插入"选项卡，单击"文本框"下拉按钮，在下拉列表中选择"横向"选项。

5）利用鼠标在最左侧向上箭头的上方绘制一个文本框，并输入文字"第一代雄性不育株种子产生"。

6）设置文本框中文字字体为"楷体"、字号为"五号"，设置文本框"轮廓"为"无线条颜色"。

7）利用同样的方法，再创建另外三个文本框，并设置其中的文字，调整文本框的位置，效果如图 1-26 所示。

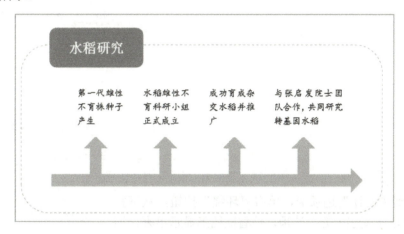

图 1-26　完成文本框添加后的效果（1）

8）在水平箭头的下方，对应向上箭头的位置绘制四个文本框，并输入如图 1-27 所示的文字，设置文本框"轮廓"为"无线条颜色"。

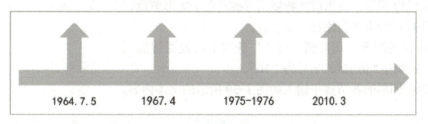

图 1-27　完成文本框添加后的效果（2）

至此，个人简历中的水稻研究版块制作完成。

1.2.6　制作荣誉与成就版块

袁隆平院士一生中获得了多项荣誉奖项与成就，由于篇幅有限，小李利用 WPS 文字的智能图形展示了袁院士的几个重要荣誉奖项。具体操作如下。

1-5 制作荣誉与成就版块

1）切换到"插入"选项卡，单击"智能图形"按钮，打开"选择智能图形"对话框，在对话框的列表中选择"基本流程"选项，如图 1-28 所示。

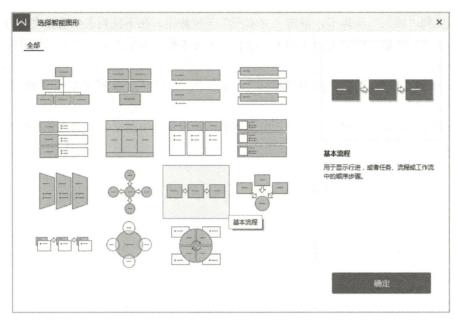

图1-28 "选择智能图形"对话框

2）切换到"设计"选项卡，单击"环绕"按钮，从下拉列表中选择"浮于文字上方"选项，使智能图形显示出来。调整图形的大小，并将其移动到"水稻研究"版块下方。

3）选中图形中的一个矩形节点，在"设计"选项卡中单击"添加项目"按钮，从下拉列表中选择"在后面添加项目"选项，如图1-29所示。使当前的智能图形拥有四个矩形节点。

4）使用同样的方法再添加一个项目。

5）选中智能图形，切换到"格式"选项卡，设置智能图形中文本的字体为"仿宋"，字号为"10"。

图1-29 "在后面添加项目"选项

6）在智能图形的各节点中输入如图1-30所示的文本内容。

图1-30 智能图形中的文本内容

7）切换到"设计"选项卡，单击"更改颜色"按钮，从下拉列表中选择"着色 2"中的第一个选项，如图1-31所示，更改智能图形的颜色。

8）切换到"插入"选项卡，单击"艺术字"按钮，从样式库中选择"填充-沙棕色，着色2，轮廓-着色2"选项，并将艺术字移动到智能图形的下方。

9）选中艺术字，并输入文字"人像一粒种，我要做一粒好的种子"，设置文字字体为"宋体"，字号为"小初"，加粗。

10）使艺术字处于选中的状态，切换到"文本工具"选项卡，单击"文本效果"下拉按钮，从弹出的下拉列表中选择"转换"→"跟随路径"→"上弯弧"选项，如图1-32所示。

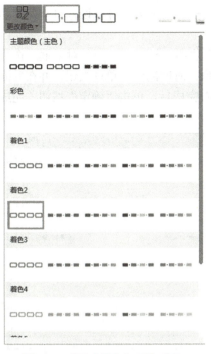

图 1-31 "更改颜色"下拉列表

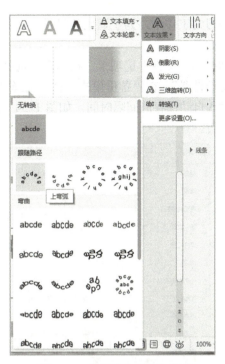

图 1-32 选择"上弯弧"选项

1.2.7 保存文档

案例制作完成后,要及时进行保存,具体操作如下。

单击快速访问工具栏中的"保存"按钮,打开"另存文件"对话框,设置对话框中的保存路径与文件名,如图 1-33 所示。单击"保存"按钮,完成文档的保存。

1-6
保存文档

图 1-33 "另存文件"对话框

在日常工作中,为了避免死机或突然断电造成文档数据丢失,可以设置自动保存功能。具体操作如下。

切换到"文件"选项卡,在列表中选择"选项"选项,打开"选项"对话框,选择列表中的"备份设置",在"备份模式"栏中选择"定时备份,时间间隔"单选按钮,并在后面的微调框中输入自动保存的间隔时间,如图 1-34 所示。设置完成后,单击"确定"按钮,完成自动保存的设置。

图 1-34 "选项"对话框

至此,本案例介绍的个人简历制作完成。

1.3 案例小结

劳动模范是社会主义建设事业中成绩卓著的劳动者,是党和国家的宝贵财富。在劳动模范袁隆平的身上兼具劳模精神和工匠精神,劳模精神和工匠精神作为民族精神与时代精神的重要内容,在文化传承、道德提升、教育导向、爱国情怀上与社会主义核心价值观均具有高度的契合性和一致性。

通过劳动模范个人简历的制作,学习了 WPS 文档的新建、文档的页面设置、形状的绘制与格式设置、艺术字的使用、文本框的使用、智能图形的使用、保存文档等操作。实际操作中需要注意:对 WPS 中的文本进行格式化时,必须先选定要设置的文本,再进行相关操作。

1.4 经验技巧

1.4.1 录入技巧

1. 快速录入星期

在日常操作中,可能会输入"星期一""星期二"等文本,可以通过 WPS 文字中的自定义编号来快速实现。具体操作步骤如下。

1)切换到"开始"选项卡,单击"编号"下拉按钮,从下拉列表中选择"自定义编号"选项,如图 1-35 所示。打开"项目符号和编号"对话框,如图 1-36 所示。

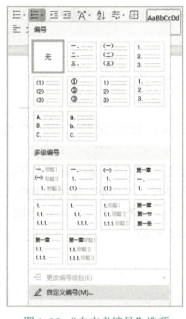

图 1-35 "自定义编号"选项

图 1-36 "项目符号和编号"对话框

2)对话框自动切换到"编号"选项卡,选择列表中的第一行第二列的编号格式,单击"列表编号"栏中的"自定义"按钮,打开"自定义编号列表"对话框。

3)在"编号格式"下方的文本框的序号前输入"星期"字样,如图 1-37 所示。单击"确定"按钮,即可实现星期的自动输入。

2. 快速输入大写数字

由于工作需要,经常要输入一些大写的金额数字(特别是财务人员),但由于大写数字笔画大都比较复杂,无论是用五笔字型还是拼音输入法输入都比较麻烦。利用 WPS 文字的"插入数字"功能可以巧妙地完成。具体操作方法如下。

切换到"插入"选项卡,单击"插入数字"按钮,如

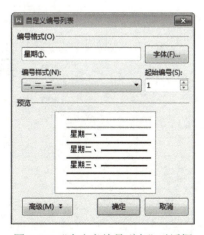

图 1-37 "自定义编号列表"对话框

图 1-38 所示。在"数字"对话框的"数字"文本框中输入需要转换的数字,在"数字类型"列表框中选择如图 1-39 所示的选项,单击"确定"按钮即可实现大写数字的转换。

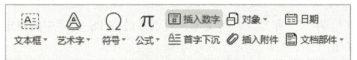

图 1-38 "插入数字"按钮　　　　　　　　图 1-39 "数字"对话框

> 提示:使用"插入"选项卡的"文档部件"按钮,可转换小数,对于财务人员更实用。

1.4.2 编辑技巧

1. 多个 WPS 文档的合并

有时在编辑 WPS 文档时,需要将其他的文档合并过来,通过 WPS 文字中"插入"选项卡中的"对象"功能可以快速实现。具体操作方法如下。

新建一个空白的 WPS 文档,切换到"插入"选项卡,单击"对象"下拉按钮,从下拉列表中选择"文件中的文字"选项,如图 1-40 所示,打开"插入文件"对话框,选择需要合并的文件,如图 1-41 所示,单击"打开"按钮,即可实现文件的合并。当有多个文件需要合并时,可以在"插入文件"对话框中按住〈Ctrl〉键的同时选择相应的文件即可。

图 1-40 "对象"下拉列表

图 1-41 "插入文件"对话框

2. 开启拼写检查功能

WPS 文字具有拼写检查功能，可通过以下操作步骤实现开启拼写检查功能。

打开 WPS 文字程序，切换到"文件"选项卡，选择"选项"选项，打开"选项"对话框。选择左侧菜单栏中的"拼写检查"选项，在右侧窗口中勾选"输入时拼写检查"复选框，如图 1-42 所示。单击"确定"按钮，即可开启拼写检查功能。

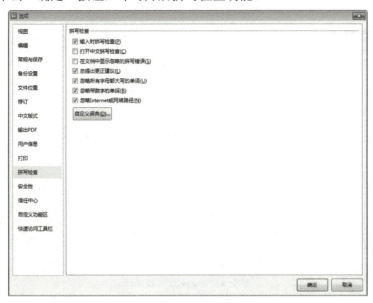

图 1-42 "选项"对话框

1.5 拓展练习㊀

（全国计算机二级考试模拟题）某知名企业要举办一场针对高校学生的大型职业生涯规划活动，并邀请了多位业内人士和资深媒体人参加，该活动由著名职场达人、东方集团的老总陆达先生担任演讲嘉宾，因此吸引了各高校学生纷纷前来参加讲座。为了此次活动能够圆满成功，并能引起各高校毕业生的广泛关注，该企业行政部准备制作一份精美的宣传海报。请根据上述活动的描述，结合素材中的文件，利用 WPS 文字制作一份宣传海报。效果如图 1-43 所示。具体要求如下。

1）调整文档的版面，要求页面高度为 36cm，页面宽度为 25cm，页边距（上、下）为 5cm，页边距（左、右）为 4cm。

2）将素材中的"背景图片.jpg"设置为海报背景。

3）设置标题文本"'职业生涯'规划讲座"的字体为"隶书"、字号为"二号"、加粗。

4）根据页面布局需要，调整海报内容中"演讲题目""演讲人""演讲时间""演讲日期""演讲地点"信息的段落间距为 1.5 倍行距。

5）在"演讲人："位置后面输入"陆达"，在"主办：行政部"位置后面另起一页，并设置

㊀ （全国计算机二级考试模拟题）

第 2 页的页面纸张大小为 A4 类型,纸张方向设置为"横向",此页页边距为"常规"。

6)在第 2 页的"报名流程"下面,利用智能图形制作本次活动的报名流程(行政部报名、确认座位数、领取资料、领取门票)。

7)更换演讲人照片为素材中的"luda.jpg"照片,并将该照片调整到适当位置,且不要遮挡文档中文字的内容。

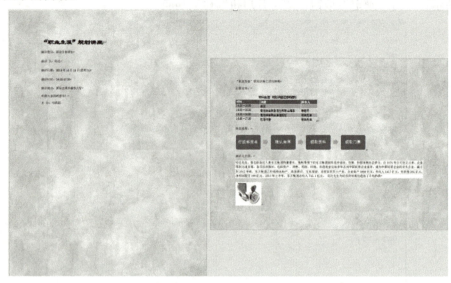

图 1-43　宣传海报效果图

案例 2　制作特色农产品订购单

2.1 案例简介

2.1.1 案例需求与效果展示

王芳是云南某乡镇的大学生村干部，为了振兴乡村、拓宽农民的销售渠道，她要将当地的特色农产品进行线上线下双渠道销售。为此，她需要制作一份线上特色农产品订购单。利用 WPS 文字的制作表格功能，她顺利地完成了此次任务。效果如图 2-1 所示。

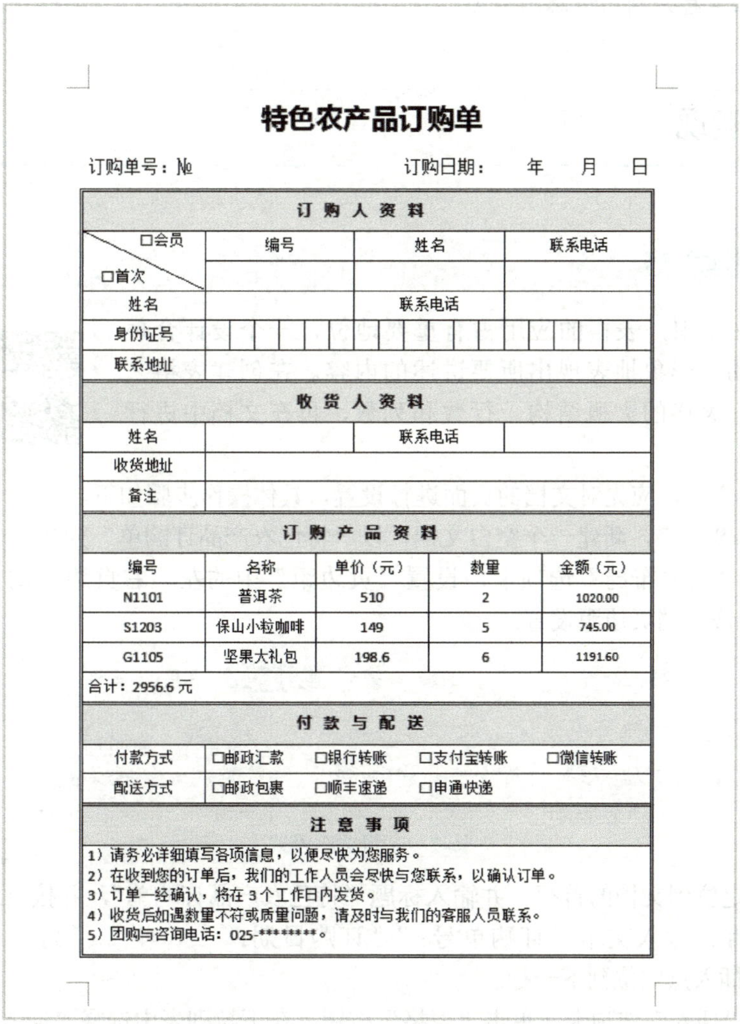

特色农产品订购单

订购单号：№　　　　　　　　订购日期：　年　月　日

订 购 人 资 料				
□会员 / □首次	编号	姓名	联系电话	
姓名		联系电话		
身份证号				
联系地址				
收 货 人 资 料				
姓名		联系电话		
收货地址				
备注				
订 购 产 品 资 料				
编号	名称	单价（元）	数量	金额（元）
N1101	普洱茶	510	2	1020.00
S1203	保山小粒咖啡	149	5	745.00
G1105	坚果大礼包	198.6	6	1191.60
合计：2956.6 元				
付 款 与 配 送				
付款方式	□邮政汇款	□银行转账	□支付宝转账	□微信转账
配送方式	□邮政包裹	□顺丰速递	□申通快递	
注 意 事 项				

1）请务必详细填写各项信息，以便尽快为您服务。
2）在收到您的订单后，我们的工作人员会尽快与您联系，以确认订单。
3）订单一经确认，将在 3 个工作日内发货。
4）收货后如遇数量不符或质量问题，请及时与我们的客服人员联系。
5）团购与咨询电话：025-********。

图 2-1 “特色农产品订购单”效果图

2.1.2 案例目标

知识目标：
- 了解表格的作用。
- 了解表格的使用场合。

技能目标：
- 掌握表格的创建。
- 掌握单元格的合并与拆分。
- 掌握表格内容的输入与编辑。
- 掌握表格边框与底纹的设置。
- 掌握特殊符号的插入。
- 掌握表格中数据的计算。

素养目标：
- 提升自身的组织能力。
- 提升获取信息并利用信息的能力。

2.2 案例实现

2.2.1 创建表格

在 WPS 文字中，表格的应用占有重要地位，一个设计合理的表格可以生动、形象地表现出所要讲述的内容。在创建表格之前，要先规划好表格的大概结构、行数和列数，再在文档中进行表格绘制。

2-1 创建表格

在插入表格之前，应先对文档的页面进行设置，具体操作步骤如下。

1）启动 WPS 文字，新建一个空白文档，以"特色农产品订购单"为文件名进行保存。

2）切换到"页面布局"选项卡，设置"页边距"中的左、右页边距均为"2.5cm"，如图 2-2 所示。完成文档页边距设置。

图 2-2 页边距设置

3）将光标定位到文档的首行，并输入标题"特色农产品订购单"，并按〈Enter〉键，将插入点移到下一行，输入文本"订购单号："   "订购日期：   年   月   日"，之后按〈Enter〉键，将插入点定位到下一行。

4）切换到"插入"选项卡，单击"表格"按钮，在下拉列表中选择"插入表格"选项，如

图 2-3 所示。打开"插入表格"对话框,在"表格尺寸"栏中,将"列数""行数"分别设置为"4"和"21",如图 2-4 所示,设置完成后,单击"确定"按钮,完成表格的插入。

5)选中标题行文本"特色农产品订购单",切换到"开始"选项卡,将选中文本的字体设置为"微软雅黑"、加粗,字号设置为"二号",单击"居中"按钮,将文字的对齐方式设置为居中,如图 2-5 所示。

 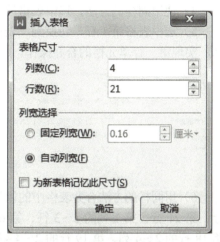

图 2-3 "插入表格"选项　　　　　　　图 2-4 "插入表格"对话框

图 2-5 设置标题格式

6)使用同样的方法,选中第二行文本,在"开始"选项卡中将文本的字体设置为"宋体",字号设置为"四号"。

2.2.2　合并和拆分单元格

由于插入的表格是标准行列的表格,与效果图所示表格相差较大,需要对表格中的单元格进行合并或拆分操作,在这之前需要先调整表格的行高和列宽。具体操作步骤如下。

1)将鼠标移到表格第一行左侧选中区,当鼠标变成指向右上的箭头时,单击鼠标选中表格的第一行,切换到"表格工具"选项卡,设置"高度"微调框的值为"1.1 厘米",如图 2-6 所示。

2)使用同样的方法,设置表格第 2~6 行的高度为"0.8 厘米",第 7 行的高度为"1.1 厘米",第 8~10 行的高度为"0.8 厘米",第 11 行的高度为"1.1 厘米",第 12~16 行的高度为"0.8 厘米",第 17 行的高度为"1.1 厘米",第 18~19 行的高度为"0.8 厘米",第 20 行的高度为"1.1 厘米",第 21 行的高度为"3 厘米"。

3)将鼠标移到第 1 列的上方,当鼠标指针变成黑色实心向下箭头时,单击鼠标左键选中第 1 列,设置"宽度"微调框的值为"3.50 厘米",如图 2-7 所示。

图 2-6 设置"高度"

图 2-7 设置"宽度"

4)使用同样的方法,选中表格的 2～4 列,设置其宽度为"4.2 厘米"。

5)选中表格第 1 行,切换到"表格工具"选项卡,单击"合并单元格"按钮,如图 2-8 所示,实现第一行单元格的合并操作。

图 2-8 "合并单元格"按钮

6)用同样的方法合并表格中的以下单元格:第 7 行、第 11 行、第 16 行、第 17 行、第 20 行、第 21 行、第 1 列的 2～3 行、第 6 行的 2～4 列、第 9 行的 2～4 列、第 10 行的 2～4 列、第 18 行的 2～4 列、第 19 行的 2～4 列。

7)选中第 12～15 行的第 2～4 列单元格,单击"拆分单元格"按钮,打开"拆分单元格"对话框,设置"列数"微调框的值为"4",保持"行数"微调框的值不变,如图 2-9 所示。单击"确定"按钮,完成单元格的拆分操作。

图 2-9 "拆分单元格"对话框

8)使用同样的方法,将第 5 行的 2～4 列拆分成 18 列 1 行。

9)将插入点定位到第 2 行第 1 列单元格中,切换到"表格样式"选项卡,单击"绘制斜线表头"按钮,如图 2-10 所示。打开"斜线单元格类型"对话框,选择如图 2-11 所示的类型,单击"确定"按钮,为所选单元格添加斜线。至此,已完成表格的初步创建,如图 2-12 所示。

图 2-10 "绘制斜线表头"按钮

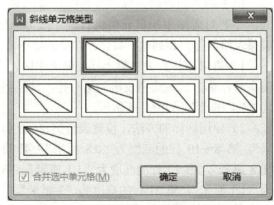
图 2-11 "斜线单元格类型"对话框

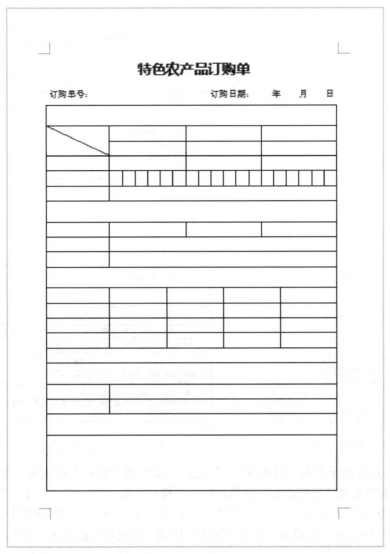

图 2-12 表格初步创建效果图

2.2.3 输入与编辑表格内容

表格初步创建完成后,即可在其中输入内容。具体操作步骤如下。

2-3
输入与编辑表格内容

1)单击表格左上角的表格移动控制点符号,选中整个表格,切换到"开始"选项卡,保持默认"宋体"不变,设置字号为"小四"。

2)切换到"表格工具"选项卡,单击"对齐方式"按钮,从下拉列表中选择"水平居中"选项,如图 2-13 所示。

3)将插入点定位到第 1 行中,在光标闪动处输入文字"订购人资料",之后将光标移动到下一行单元格中依次输入表格的其他文本内容,如图 2-14 所示。

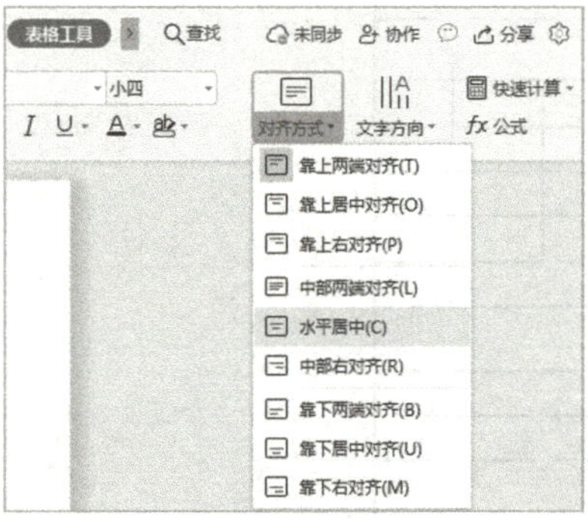

图 2-13 “水平居中”选项

特色农产品订购单

订购单号：　　　　　　　　　　订购日期：　　年　　月　　日

订购人资料				
会员 / 首次	编号	姓名	联系电话	
姓名		联系电话		
身份证号				
联系地址				
收货人资料				
姓名		联系电话		
收货地址				
备注				
订购产品资料				
付款与配送				
付款方式	邮政汇款	银行转账	支付宝转账	微信转账
配送方式	邮政包裹	顺丰速递	申通快递	
注意事项				

1）请务必详细填写各项信息，以便尽快为您服务。
2）在收到您的订单后，我们的工作人员会尽快与您联系，以确认订单。
3）订单一经确认，将在 3 个工作日内发货。
4）收货后如遇数量不符或质量问题，请及时与我们的客服人员联系。
5）团购与咨询电话：025-********。

图 2-14 输入表格内容后的效果图

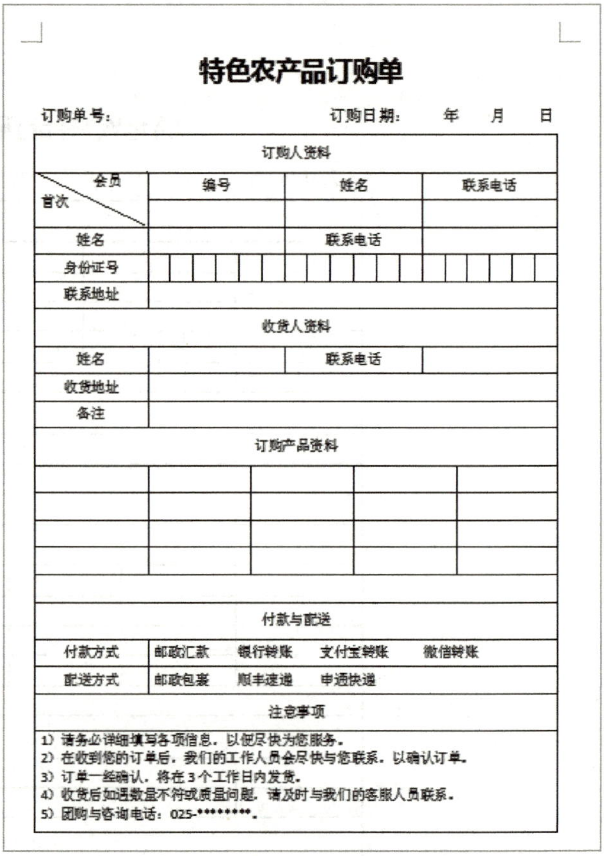

4）将插入点定位于文本“订购单号：”之后，切换到“插入”选项卡，单击“符号”按钮，在下拉列表中选择“其他符号”选项，打开“符号”对话框。在“符号”选项卡中，保持“字体”中的“宋体”选项不变，在“子集”的下拉列表中选择“类似字母的符号”选项，在列表框中选择如图 2-15 所示的符号，单击“插入”按钮，将此符号插入到文档中。

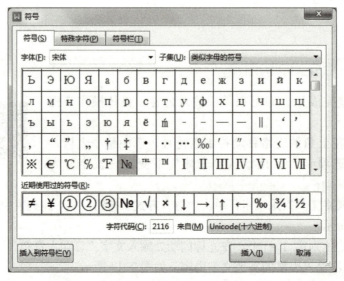

图 2-15 “符号”对话框

5）使用同样的方法，在表格中的"会员""首次""邮政汇款""银行转账""支付宝转账""微信转账""邮政包裹""顺丰速递""申通快递"文本前的合适位置插入空心方框符号"□"。

2.2.4 表格美化

表格内容编辑完成后，需要对表格进行美化，包括对齐方式设置、边框和底纹设置等操作。具体操作步骤如下。

1）选择表格第 1 行的"订购人资料"文本内容，切换到"开始"选项卡，单击"字体"对话框启动器按钮，打开"字体"对话框，如图 2-16 所示。在对话框中设置文本字体为"微软雅黑"，字号为"小四"，加粗，字符间距为"加宽"、"5 磅"。

2）利用格式刷将"收货人资料""订购产品资料""付款与配送""注意事项"文本设置为同样格式。

3）单击表格左上角的表格移动控制点符号选中整个表格。切换到"表格样式"选项卡，单击"边框"下拉按钮，在下拉列表中选择"边框和底纹"选项，如图 2-17 所示，打开"边框和底纹"对话框。

图 2-16 "字体"对话框

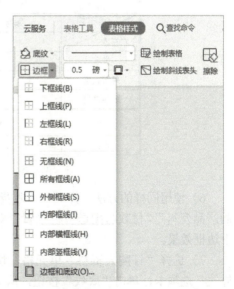

图 2-17 "边框和底纹"选项

4）切换到"边框"选项卡，在"设置"栏中选择"自定义"选项，在"线型"列表框中选择"双线"选项，在"预览"栏中单击上边框、下边框、左边框、右边框四个按钮，如图 2-18 所示。单击"确定"按钮，整个表格的外侧边框线则设置完成。

5）选择"联系地址"行，切换到"表格样式"选项卡，在"线型"下拉列表中选择"双线"选项，单击"边框"下拉按钮，从下拉列表中选择"下框线"选项，如图 2-19 所示。将此栏目的下边框设置成双线，以便将本栏目与其他栏目分隔开，效果如图 2-20 所示。

图 2-18 "边框和底纹"对话框　　　　　　图 2-19 "下框线"选项

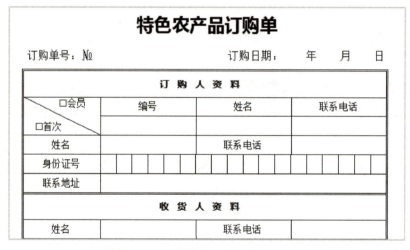

图 2-20 "下框线"添加完成后的效果

6）使用同样的方法，为其他"收货人资料""订购产品资料""付款与配送"栏设置"双线"线型的下边框效果。

7）选择"订购人资料"单元格，切换到"表格样式"选项卡，单击"底纹"按钮，从下拉列表中选择"深灰绿，着色 3，浅色 80%"选项，如图 2-21 所示，为此单元格添加底纹。

8）用同样的方法，为其他"收货人资料""订购产品资料""付款与配送""注意事项"添加底纹。至此，一份空白的特色农产品订购单表格的美化工作已完成。效果如图 2-22 所示。

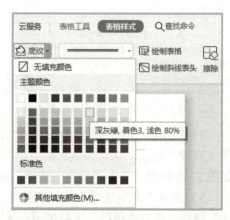

图 2-21 设置"底纹"

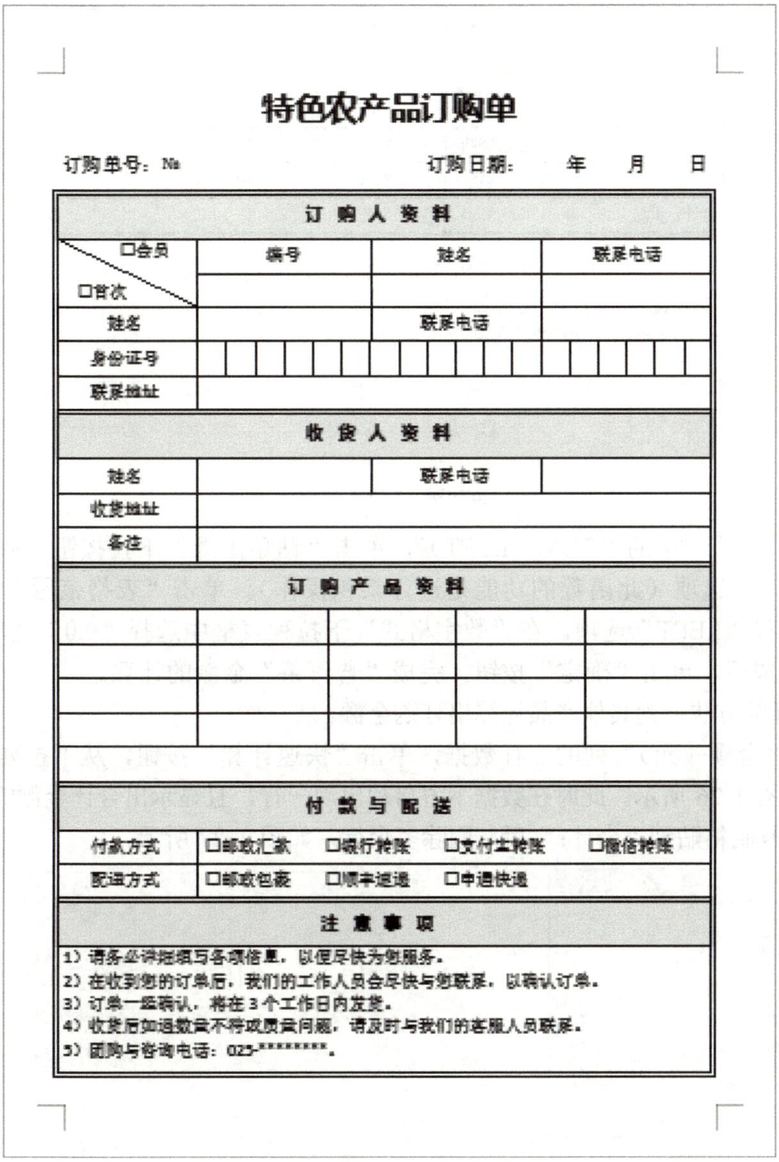

特色农产品订购单

订购单号：№　　订购日期：　年　月　日

订购人资料			
□会员 / □首次	编号	姓名	联系电话
姓名		联系电话	
身份证号			
联系地址			
收货人资料			
姓名		联系电话	
收货地址			
备注			
订购产品资料			
付款与配送			
付款方式	□邮政汇款　□银行转账　□支付宝转账　□微信转账		
配送方式	□邮政包裹　□顺丰速递　□申通快递		
注意事项			

1）请务必详细填写各项信息，以便尽快为您服务。
2）在收到您的订单后，我们的工作人员会尽快与您联系，以确认订单。
3）订单一经确认，将在3个工作日内发货。
4）收货后如遇数量不符或质量问题，请及时与我们的客服人员联系。
5）团购与咨询电话：025-********。

图 2-22　表格美化后的效果图

2.2.5 表格数据计算

在表格“订购产品资料”栏中输入相关农产品的数量和单价后，利用 WPS 文字提供的公式可以进行简单的计算，得到产品的价格以及合计金额，具体操作步骤如下。

2-5
表格数据计算

1）在表格的“订购产品资料”栏中输入购买农产品的编号、名称、单价、数量，如图 2-23 所示。

2）将光标定位于名称为“普洱茶”行的最后一个单元格，即“金额（元）”下方的单元格，切换到“表格工具”选项卡，单击“公式”按钮，如图 2-24 所示，打开“公式”对话框。

订购产品资料				
编号	名称	单价（元）	数量	金额（元）
N1101	普洱茶	510	2	
S1203	保山小粒咖啡	149	5	
G1105	坚果大礼包	198.6	6	
合计：元				

图 2-23　订购产品信息输入完成后的效果

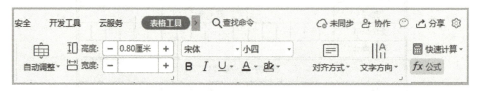

图 2-24　"公式"按钮

3）删除"公式"中的"SUM（LEFT）"，单击"粘贴函数"下拉按钮，从下拉列表中选择"PRODUCT"选项（此函数的功能是进行乘积操作）。单击"表格范围"下拉按钮，从下拉列表中选择"LEFT"选项。在"数字格式"下拉列表框中选择"0.0"选项，如图 2-25 所示，设置完成后，单击"确定"按钮，完成"普洱茶"金额的计算。

4）用同样的方法，为其他产品计算出订购金额。

5）选择"金额（元）"列的三行数据，单击"快速计算"按钮，从下拉列表中选择"求和"选项，如图 2-26 所示。此时在数据下方自动出现一行，且显示出合计金额的数据。将计算出的合计金额复制粘贴到"合计："后，删除多余行，如图 2-27 所示。

图 2-25　"公式"对话框

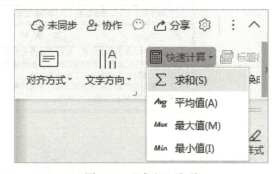

图 2-26　"求和"选项

订购产品资料				
编号	名称	单价（元）	数量	金额（元）
N1101	普洱茶	510	2	1020.00
S1203	保山小粒咖啡	149	5	745.00
G1105	坚果大礼包	198.6	6	1191.60
合计：2956.6 元				

图 2-27　订购金额计算完成后的效果

6）单击"保存"按钮，保存文档，完成本案例订购单的制作。

2.3 案例小结

本案例通过制作特色农产品订购单，讲解了表格的创建、单元格的合并与拆分、表格内容输入、表格数据计算等。实际操作中需要注意以下问题。

1）对表格进行各种操作前，需要先选择操作对象。

2）表格创建完成后，可能会因为表格中的数据变化而需要更改表格的结构，如添加或删除行或列。此时，可以将光标定位到需要添加或删除行或列的位置，在"表格工具"选项卡中单击"在上方插入行""在左侧插入列"或"删除"按钮，如图2-28所示。

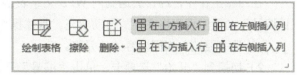

图2-28 "在上方插入行"按钮

3）表格创建完成后，当单元格中的内容较多时，已定义的列宽会发生变化，此时需要用鼠标手动调整表格边线。当利用鼠标无法精确调整表格边线时，可按下〈Alt〉键不放，同时试着用鼠标调整表格的边线，表格的标尺就会发生变化，精确到0.01cm，精确度明显提高了。

通常情况下，拖曳表格线可调整相邻的两列之间的列宽。按住〈Ctrl〉键的同时拖曳表格线，表格列宽将改变，增加或减少的列宽由其右方的列共同分担；按住〈Shift〉键的同时拖曳，只改变该表格线左方的列宽，其右方的列宽不变。

4）在WPS文字中，用户也可以将文字转换成表格。其中的关键操作是使用分隔符号将文本进行合理分隔，WPS文字能够识别常见的分隔符，如段落标记、制表符、逗号。操作方法如下。

打开素材文件夹中的文档"文本转换成表格.wps"，选中文档中的文本内容，切换到"插入"选项卡，单击"表格"按钮，在下拉列表中选择"文本转换成表格"选项，如图2-29所示。打开"将文字转换成表格"对话框，选择"文字分隔位置"栏中的"制表符"单选按钮，使用默认的行数和列数，如图2-30所示。单击"确定"按钮，即可实现文字转换成表格。

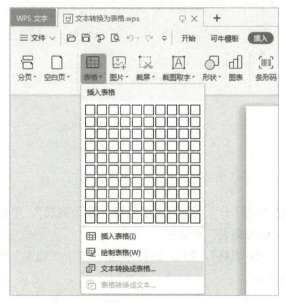

图2-29 "文本转换成表格"选项

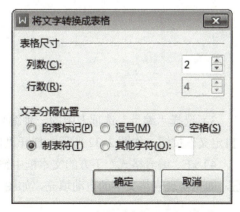

图2-30 "将文字转换成表格"对话框

2.4 经验技巧

2.4.1 WPS 文字表格自动填充

在日常工作中，经常会遇到向 WPS 文字表格中填入相同内容的情况，此时，可以利用"项目编号"功能实现表格文字的自动填充。具体操作步骤如下。

1）选中要填入相同内容的单元格。

2）切换到"开始"选项卡，单击"编号"下拉按钮，从下拉列表中选择"自定义编号"选项，如图 2-31 所示。打开"项目符号和编号"对话框。

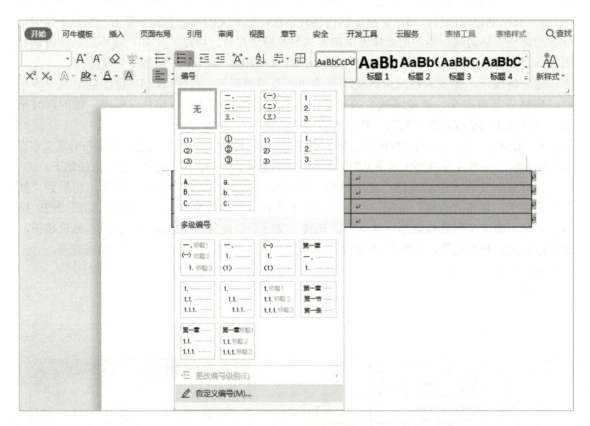

图 2-31 "自定义编号"选项

3）选择"编号"选项卡中的一种编号，在"应用于"下拉列表中选择"整个列表"，单击"自定义"按钮，如图 2-32 所示，打开"自定义编号列表"对话框。

4）在"编号格式"下方的文本框中输入"WPS 表格"，如图 2-33 所示。单击"确定"按钮，即可实现表格文字的自动填充，如图 2-34 所示。

案例 2　制作特色农产品订购单

图 2-32　"项目符号和编号"对话框

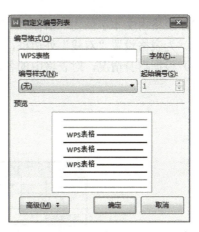

图 2-33　"自定义编号列表"对话框

WPS 表格	WPS 表格
WPS 表格	WPS 表格
WPS 表格	WPS 表格
WPS 表格	WPS 表格

图 2-34　表格文本自动填充后的效果

2.4.2　表格标题跨页设置

当表格的内容较多，一页显示不完时，多余的部分会跨页。当跨页的部分没有表头时，就容易忘记每个字段的内容是什么。通过设置"标题行重复"可以解决这个问题，具体操作步骤如下。

单击表格任意单元格，切换到"表格工具"选项卡，单击"标题行重复"按钮，如图 2-35 所示，即可实现表格标题跨页重复显示。

图 2-35　"标题行重复"按钮

2.5　拓展练习

请根据图 2-36 所示的效果图，制作求职简历。具体要求如下。
1) 表格标题字体为"楷体"，字号为"初号"，居中，段后间距为"0.5 行"。

2）表格内文本字体为“楷体”，字号为“五号”，居中，各部分标题加粗显示。

3）为表格设置“双线”外边框，为表格中各部分标题添加“黄色”底纹。

4）根据自身情况，对表格中的各部分内容进行填写，以完善求职简历。

求职简历

基本信息						
姓名		电子邮箱		出生年月		照片
性别		QQ		联系电话		
现居地址				户口所在地		

求职意向			
工作性质		目标职位	
工作地点		期望薪资	

教育背景		
起止时间	学校名称	专业

培训及工作经历		
起止时间	单位名称	职位

家庭关系				
姓名	关系	工作单位	职位	联系电话

自我简介

图 2-36　求职简历效果图

案例 3　制作大学生志愿者"三下乡"面试流程图

3.1　案例简介

3.1.1　案例需求与效果展示

某高职院校计算机学院为了提高大学生的社会实践能力和思想认识，同时更多地为基层群众服务，定于 2022 年暑期安排大二的学生进行"三下乡"活动。活动举行之前需要对报名者进行面试，学生会主席小张负责此次面试过程，为了让过程更加清楚，小张需要制作一张面试流程图。借助 WPS 文字提供的艺术字、形状等功能，小张完成了流程图的制作，效果如图 3-1 所示。

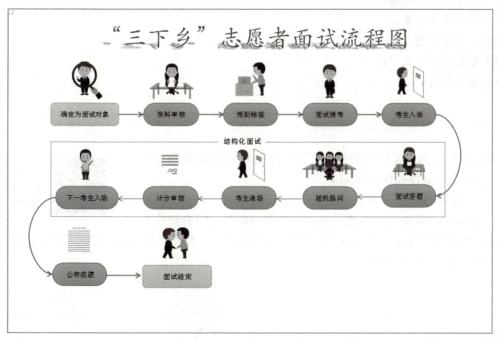

图 3-1　"面试流程图"效果图

3.1.2　案例目标

知识目标：
- 了解艺术字的作用。

- 了解图形的作用与使用场合。

技能目标：
- 掌握面试流程图标题的制作。
- 掌握绘制和编辑形状。
- 掌握流程图主体框架的绘制。
- 掌握连接符的绘制。
- 掌握图片的插入与格式设置。

素养目标：
- 提升发现问题、分析问题、解决问题的能力。
- 具备社会责任感，积极参与公益服务与劳动。

3.2 案例实现

流程图可以清楚地展现出各环节之间的关系，使其更加清楚明了。流程图的制作步骤大致如下。

1）设置页面布局。
2）制作流程图标题。
3）绘制主体框架。
4）绘制连接符。
5）添加说明性文字。
6）插入图片。

3.2.1 制作面试流程图标题

为了给流程图保留较大的绘制空间，在制作之前需要先对文档页面进行设置。具体操作步骤如下。

3-1 制作面试流程图标题

1）启动 WPS 文字，新建一个空白文档。
2）切换到"页面布局"选项卡，在"页边距"按钮右侧将上、下、左、右边距均设置为"1.5cm"，如图 3-2 所示。单击"纸张方向"按钮，从下拉列表中选择"横向"选项，如图 3-3 所示。

图 3-2 设置"页边距"　　　　　　图 3-3 设置"纸张方向"

页面设置完成以后，首先进行流程图标题的制作，具体操作步骤如下。
1）切换到"插入"选项卡，单击"艺术字"按钮，在样式库中选择"填充-白色，轮廓-着色 5，阴影"选项，如图 3-4 所示，文档中将自动插入含有默认文字"请在此处放置您的文字"和所选样式的艺术字。

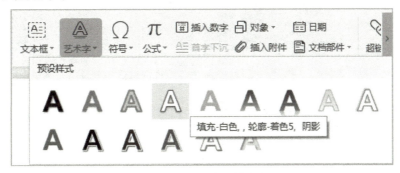

图 3-4 "艺术字"样式库

2）将艺术字文本"请在此处放置您的文字"修改为"'三下乡'志愿者面试流程图"。

3）选中艺术字，切换到"文本工具"选项卡，将艺术字文本的字体设置为"华文楷体"，字号设置为"小初"，加粗，如图 3-5 所示。

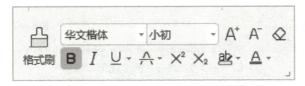

图 3-5 设置字体、字号与字形

4）单击"文本填充"下拉按钮，从下拉列表中选择"标准色"中的"红色"选项；单击"文本轮廓"下拉按钮，从下拉列表中选择"主题颜色"中的"白色，背景 1"选项；单击"文本效果"按钮，从下拉列表中选择"阴影"→"左上对角透视"选项。

5）切换到"绘图工具"选项卡，单击"对齐"下拉按钮，从下拉列表中选择"水平居中"选项。调整艺术字的水平对齐方式。效果如图 3-6 所示。

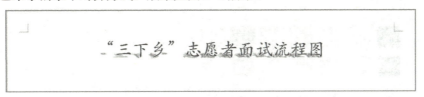

图 3-6 标题制作完成后的效果

3.2.2 绘制与编辑形状

在本案例的效果图中，包含有圆角矩形、箭头等形状，这些形状对象都是文档的组成部分。在"插入"选项卡中的"形状"样式库中包含了上百种形状对象，通过使用这些对象可以在文档中绘制出各种各样的形状。案例中使用圆角矩形实现流程图的主体框架，具体操作步骤如下。

1）切换到"插入"选项卡，单击"形状"按钮，在样式库中选择"圆角矩形"选项，如图 3-7 所示。

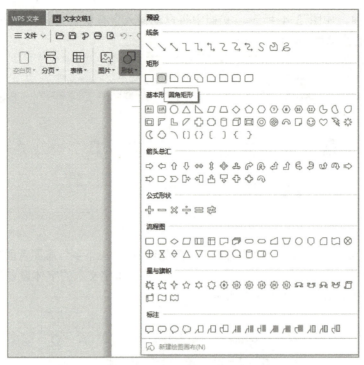

图 3-7 选择"圆角矩形"

2）将鼠标移动到文档中，鼠标指针变成十字指针，按住鼠标左键并拖动，在艺术字的左下方绘制一个圆角矩形。

3）选择刚刚绘制的形状，切换到"绘图工具"选项卡，单击"形状样式"按钮，在样式库中选择"细微效果-橙色，强调颜色4"选项，如图3-8所示。

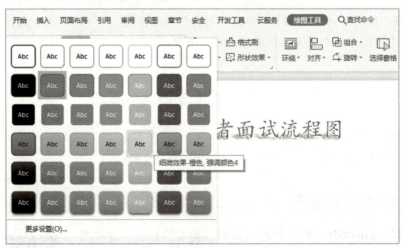

图 3-8 "形状样式"样式库

4）右击圆角矩形，从弹出的快捷菜单中选择"添加文字"命令，如图3-9所示。

5）在光标闪烁处输入文字"确定为面试对象"，输入完成后，选中圆角矩形，切换到"文本工具"选项卡，设置文本字体为"仿宋"，"字号"为"五号"，加粗，字体颜色为"黑色，文字1"。完成后的效果如图3-10所示。

图 3-9 "添加文字"命令

图 3-10 文本设置完成后的效果

3.2.3 绘制流程图框架

流程图中包含的各个形状需要逐个绘制并进行布局，以形成流程图的框架。具体操作步骤如下。

3-3 绘制流程图框架

1）切换到"插入"选项卡，单击"形状"按钮，在样式库中选择"圆角矩形"，使用鼠标在第一个圆角矩形的右侧绘制一个圆角矩形。

2）选中绘制的圆角矩形，在"形状样式"样式库中选择"细微效果-浅绿，强调颜色 6"选项。

3）把鼠标放到圆角矩形的黄色小点处（圆角半径控制点），按住鼠标左键并向右拖动，以调整圆角半径，效果如图 3-11 所示。

4）在绘制的矩形中输入文本"资料审核"，设置文本字体为"仿宋"，"字号"为"五号"，加粗，字体颜色为"黑色，文字 1"。

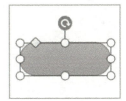

图 3-11 圆角半径调整完成后的效果

5）根据效果图，多次复制刚刚制作的"资料审核"圆角矩形，并依次修改其文本为"报到抽签""面试候考""考生入场""面试答题""随机提问""考生退场""计分审核""下一考生入场""公布成绩"。复制第一个圆角矩形，修改其文本为"面试结束"，并调整其大小。

6）按住〈Shift〉键，依次选中"确定为面试对象""资料审核""报到抽签""面试候考""考生入场"五个形状，切换到"绘图工具"选项卡，单击"对齐"按钮，从下拉列表中选择"垂直居中"选项，如图 3-12 所示。使选中的五个形状在同一中心线上。之后再次单击"对齐"按钮，从下拉列表中选择"横向分布"选项，将五个形状间距调整为相同。

7）使用同样的方法，依次选中"面试答题""随机提问""考生退场""计分审核""下一考生入场"五个形状，设置其对齐方式为"垂直居中"和"横向分布"。之后在"形状样式"样式库中选择"细微效果-巧克力黄，强调颜色2"选项，以更改五个形状的填充颜色。

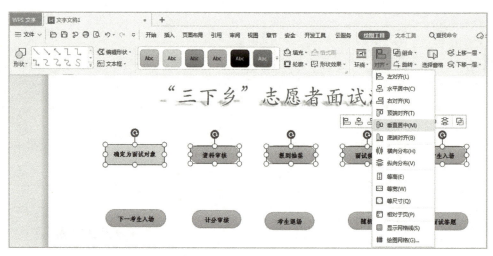

图 3-12　设置形状的对齐

8）使用同样的方法调整"公布成绩""面试结束"两个形状的对齐方式为"垂直居中"。至此，流程图框架则绘制完成，效果如图 3-13 所示。

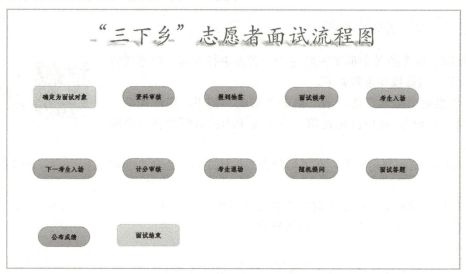

图 3-13　流程图框架效果图

3.2.4　绘制连接符

流程图框架绘制完成后，为流程图的各个图形之间添加连接符，可以让阅读者更清晰、准确地看到面试工作流程的走向。具体操作步骤如下。

3-4
绘制连接符

1）切换到"插入"选项卡，单击"形状"按钮，在样式库中选择"线条"栏中的"箭头"选项。使用鼠标在"确定为面试对象"与"资料审核"形状之间绘制一个箭头。设置箭头形状的填充样式为"强调线-强调颜色6"选项。

2）根据图 3-1 所示的效果图，使用同样的方法，绘制其他节点间的水平箭头并调整第二行面试节点间水平箭头的填充样式为"强调线-强调颜色2"。

3）再次单击"形状"按钮，在样式库中选择"线条"栏中的"曲线箭头连接符"选项，之后在"考生入场"与"面试答题"之间绘制一个曲线箭头，设置箭头的填充样式为"强调线-强调颜色 6"选项，利用鼠标调整曲线箭头中间的黄色控制点，调整曲线箭头的弧度，效果如图3-14所示。

4）使用同样的方法在"下一考生入场"与"公布成绩"节点间添加曲线箭头，设置曲线箭头的填充样式为"强调线-强调颜色 6"，并调整曲线的弧度。

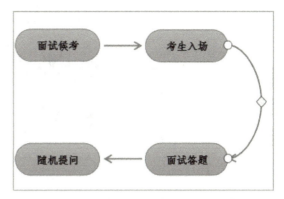

图 3-14 曲线箭头调整完成后的效果

5）再次单击"形状"按钮，在样式库中选择"矩形"栏中的"矩形"选项，在流程图框架的中间绘制一个矩形，将中间的五个节点覆盖。

6）选中绘制的"矩形"，切换到"绘图工具"选项卡，在"填充"下拉列表中选择"无填充颜色"选项，在"轮廓"下拉列表中选择"巧克力黄，着色2，淡色40%"选项。

7）切换到"插入"选项卡，单击"文本框"按钮，从下拉列表中选择"横向文本框"选项，之后利用鼠标在绘制的矩形的上边框中部绘制一个文本框，向文本框中输入文本"结构化面试"，设置文本的对齐方式为"分散对齐"，设置文本框的"轮廓"为"无线条颜色"。效果如图3-15所示。

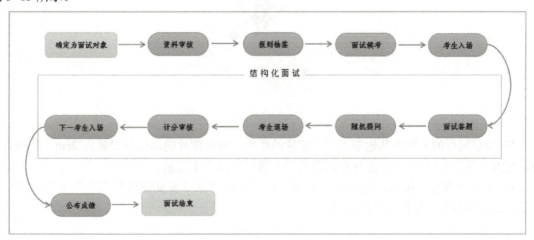

图 3-15 添加矩形与文本框后的效果

3.2.5 插入图片

为了让每个面试节点更加生动形象，小张还要在每个节点的上方添加相应的图片。具体操作步骤如下。

1）切换到"插入"选项卡，单击"插入图片"下拉按钮，从下拉列表中选择"本地图片"选项，打开"插入图片"对话框，选择素材文件夹中的图片1，如图3-16所示。单击"打开"按钮，将图片插入到文档中。

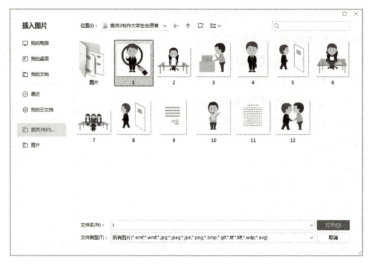

图 3-16 "插入图片"对话框

2)使图片处于选中的状态,切换到"图片工具"选项卡,设置"高度"微调框的值为"2厘米"。单击"环绕"按钮,从下拉列表中选择"浮于文字上方"选项。之后将图片移动到"确定为面试对象"节点的上方,如图 3-17 所示。

图 3-17 图片添加后的效果

3)使用同样的方法为其他节点添加相应的图片,所有图片的高度均设置为 2cm,环绕方式均设置为"浮于文字上方"。图片添加完成后的效果如图 3-1 所示。

4)单击"保存"按钮,设置文档的保存路径,以"三下乡面试流程图"为文件名进行保存。至此本案例面试流程图制作完成。

3.3 案例小结

大学生"三下乡"是指"文化、科技、卫生"下乡,是各高校在暑期开展的一项意在提高大学生综合素质的社会实践活动。通过"三下乡"可以提高大学生的社会实践能力和思想认识,同时更多地为基层群众服务。

流程图是日常生活中很常见的一种形式,它是用来说明某一个过程,使过程更加清晰明了。本案例中的面试流程图,主要使用了 WPS 文字中的形状、文本框、图片制作。通过本案例的学习,读者应掌握形状的插入与设置、连接符的绘制、图片的插入。在实际操作中需要注意以下几个问题。

1)在制作流程图之前,应先做好草图,这样将使具体操作更轻松。

2)对形状的格式设置还可以通过"属性"窗格设置。右击形状,从弹出的快捷菜单中选择"设置对象格式"命令,打开"属性"窗格,如图 3-18 所示。通过窗格中的"填充与线条""效果"选项卡对形状进行美化。

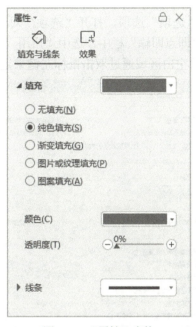

图 3-18 "属性"窗格

3.4 经验技巧

3.4.1 录入技巧

1. WPS 文字操作快捷键

熟练使用快捷键可以在文字操作时节省时间,WPS 文字操作快捷键如表 3-1 所示。

表 3-1 WPS 文字操作快捷键

快捷键	功能	快捷键	功能
Ctrl+A	全选	Ctrl+H	替换
Ctrl+B	字体加粗	Ctrl+I	倾斜
Ctrl+C	复制	Ctrl+J	两端对齐
Ctrl+D	打开"字体"对话框	Ctrl+K	打开"插入超链接"对话框
Ctrl+E	文本居中	Ctrl+L	左对齐
Ctrl+F	查找	Ctrl+N	新建文档
Ctrl+G	定位		

2. 用鼠标实现即点即输

在 WPS 文字中编辑文件时，有时要在文件的最后几行输入内容，通常都是采用多按几次〈Enter〉键或空格键，才能将输入点移动至目标位置。在没有使用过的空白页中定位输入，可以通过双击鼠标左键来实现。此时需要开启文档的"即点即输"功能。

具体操作步骤如下。

在"文件"选项卡中单击"选项"选项，打开"选项"对话框；在对话框中选择左侧列表中的"编辑"选项，在右侧的"即点即输"栏中，选中"启用'即点即输'"复选框，如图 3-19 所示。这样就可以实现在文件的空白区域通过双击鼠标左键来定位输入点了。

图 3-19 "选项"对话框

3.4.2 绘图技巧

1. 〈Ctrl〉键在绘图中的作用

〈Ctrl〉键可以在绘图时发挥巨大的作用。按住〈Ctrl〉键的同时拖曳绘图工具，所绘制出的图形是用户画出的图形对角线的 2 倍；按住〈Ctrl〉键的同时调整所绘制图形大小，可使图形在编辑中心不变的情况下进行缩放。

2. 〈Shift〉键在绘图中的作用

需要绘制一个以光标所在处为起始点的圆形、正方形或正三角形时，需要选中某个形状后，按住〈Shift〉键在文档内拖动鼠标左键，即可得到。

在绘制直线时，选中直线形状后，按住〈Shift〉键在文档内拖动鼠标左键，可以画出水平、垂直或 45°线。

3．绘制多个同样形状

需要绘制多个相同的图形时，可使用快捷键的复制功能，按住〈Ctrl〉键拖动图形，可以加快绘图速度。在进行图形对齐时，要注意使用快捷菜单中的"对齐"命令。在需要对图形进行比较准确的移动时，可选中图形后使用小键盘上的方向键进行移动，比用鼠标移动更容易准确定位。

4．组合形状

当文档中存在多个形状时，为了便于对多个形状同时进行移动、复制等操作，可以将多个形状组合起来，具体操作步骤如下。

选中需要组合的形状，切换到"绘图工具"选项卡，单击"组合"下拉按钮，从下拉列表中选择"组合"选项（如图 3-20 所示），即可实现所选形状的组合。

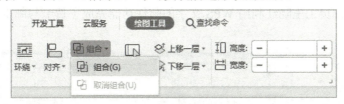

图 3-20 "组合"选项

3.5 拓展练习

制作请假流程，效果如图 3-21 所示。

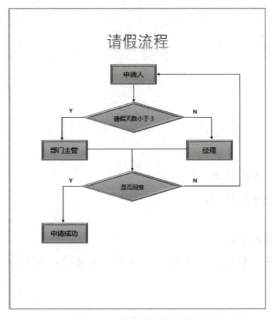

图 3-21 请假流程效果图

案例 4　制作春节贺卡

4.1 案例简介

4.1.1 案例需求与效果展示

春节来临之际，佰汇办公用品商行需要为客户制作并邮寄一份新年贺卡，由销售部门分送给相关客户。设计部员工王晓红利用 WPS 文字的邮件功能完成了贺卡与邮寄地址标签的制作，效果如图 4-1 所示。

图 4-1　贺卡效果图

4.1.2 案例目标

知识目标：
- 了解页面布局、背景的作用。
- 了解页眉、邮件合并的作用。

技能目标：
- 掌握邮件合并的基本操作。
- 掌握利用邮件合并功能批量制作贺卡、标签、邀请函、证书等。

素养目标：
- 提升自我学习的能力。
- 具备继承中华民族优秀传统文化的担当意识。

4.2 案例实现

贺卡、邀请函、录取通知书、荣誉证书等文档往往需要批量制作，这类文档的共同特点是形式和主要内容相同，只有姓名等个别部分不同。使用 WPS 文字的邮件合并功能可以非常轻松地做好此类工作。

邮件合并的原理是将发送的文档中相同的部分保存为一个文档，称为主文档；将不同的部分，如姓名、电话号码等保存为另一个文档，称为数据源，通过插入合并域的方式将主文档与数据源合并起来，形成用户需要的文档。

4.2.1 创建主文档

新春贺卡主文档的制作步骤如下。

1）启动 WPS 文字，创建一个空白文档并以"春节贺卡"为文件名进行保存。

4-1 创建主文档

2）切换到"页面布局"选项卡，单击"页面设置"对话框启动器按钮，打开"页面设置"对话框，切换到"纸张"选项卡，在"纸张大小"下拉列表中选择"B5（JIS）"选项，如图 4-2 所示。切换到"页边距"选项卡，在"页边距"栏中将"上"微调框的值设置为"12.85"，"下""左""右"微调框的值均设置为"3"，如图 4-3 所示。单击"确定"按钮返回文档中，完成文档的页面设置。

图 4-2 设置"纸张大小"

图 4-3 设置"页边距"

3）单击"页面布局"选项卡中的"背景"按钮，从下拉列表中选择"其他背景"→"纹理"选项，如图 4-4 所示，打开"填充效果"对话框，单击对话框中的"其他纹理"按钮，如图 4-5 所示。打开"选择纹理"对话框,找到素材文件夹中的图片"背景图片",如图 4-6 所示。单击"打开"按钮,返回"填充效果"对话框,单击"确定"按钮,返回文档中即可完成背景图片的设置。

图 4-4 "纹理"选项

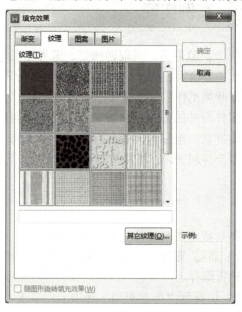

图 4-5 "填充效果"对话框

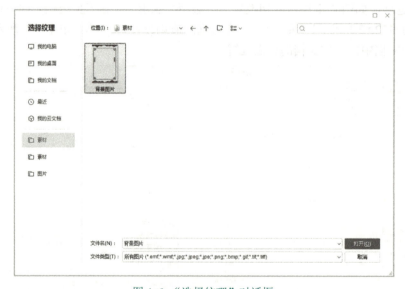

图 4-6 "选择纹理"对话框

4)切换到"插入"选项卡,单击"页眉和页脚"按钮,如图 4-7 所示。文档进入页眉的编辑状态。

图 4-7 "页眉和页脚"按钮

5）切换到"插入"选项卡，单击"艺术字"按钮，在样式库中选择艺术字样式"填充-矢车菊蓝，着色1，阴影"选项，如图4-8所示。在艺术字的文本框中输入"恭贺新春"。

图4-8　选择艺术字样式

6）选中艺术字文本，切换到"文本工具"选项卡，设置文本的字体为"隶书"，字号为"72"，加粗，在"文本填充"和"文本轮廓"下拉列表中均选择标准色中的"红色"。单击"文本效果"按钮，从下拉列表中选择"倒影"→"紧密倒影，接触"选项，如图4-9所示。

7）将艺术字拖动到页眉的底部，切换到"绘图工具"选项卡，单击"对齐"按钮，在下拉列表中选择"水平居中"选项，如图4-10所示。单击"旋转"按钮，在下拉列表中选择"垂直翻转"选项，完成艺术字的翻转设置，效果如图4-11所示。单击"页眉和页脚"选项卡中的"关闭"按钮，退出页眉页脚的编辑状态。

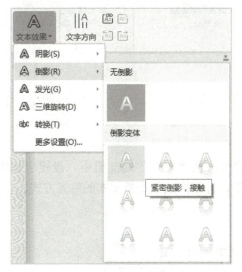

图4-9　选择"倒影"效果

图4-10　选择"水平居中"选项

图4-11　艺术字旋转后的效果

8）切换到"插入"选项卡，单击"形状"按钮，在样式库中选择"线条"栏中的"直线",按住键盘上的〈Shift〉键的同时按下鼠标左键向右拖动,在页面中绘制一条直线。

9)选中刚刚绘制的直线,切换到"绘图工具"选项卡,单击"形状样式"功能组中的"轮廓"按钮,在下拉列表中选择"白色,背景 1,深色 25%"选项;再次单击"轮廓"按钮,选择"线型"→"1.5 磅"选项;再次单击"轮廓"按钮,在下拉列表中选择"虚线线型"→"短划线"选项。单击右侧"大小和位置"启动器按钮,打开"布局"对话框,切换到"大小"选项卡,在"宽度"栏中将绝对值设置为"18.2",如图 4-12 所示。切换到"位置"选项卡,将水平和垂直对齐方式均设置为"相对于""页面""居中",如图 4-13 所示。单击"确定"按钮,关闭对话框,返回文档中,完成形状位置的设置。

图 4-12 "大小"选项卡

图 4-13 "位置"选项卡

10)将光标定位到文档中,切换到"开始"选项卡,在"字体"功能组中,设置字体为"微软雅黑",字号为"16",输入如图 4-14 所示的文字,并根据效果调整文本的对齐方式。

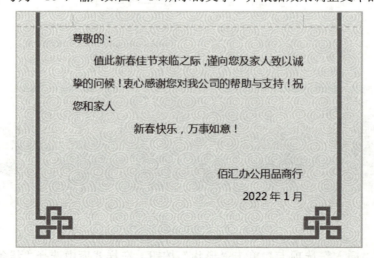

图 4-14 贺卡内容

11）单击"保存"按钮，完成主文档的制作。

4.2.2 邮件合并

由于邮件合并中需要数据源，可以先将需要接收邮件的客户信息做成 WPS 表格文件，之后将此文件作为邮件合并的数据源。本案例中已将客户信息保存为"客户通讯录.et"文件，所以在创建好主文档后，就可以进行邮件合并了，具体操作步骤如下。

1）打开主文档"春节贺卡"。将光标置于文档中"尊敬的"之后，切换到"引用"选项卡，单击"邮件"按钮，如图 4-15 所示，文档自动切换到"邮件合并"选项卡。

2）单击"打开数据源"下拉按钮，从下拉列表中选择"打开数据源"选项，如图 4-16 所示，打开"选取数据源"对话框，找到素材文件夹中的"客户通讯录"，如图 4-17 所示。单击"打开"按钮，完成数据源的选择。

图 4-15 "邮件"按钮   图 4-16 "打开数据源"选项

图 4-17 "选取数据源"对话框

3）单击"收件人"按钮，打开"邮件合并收件人"对话框，系统默认全部选中收件人列表，如图 4-18 所示。单击"确定"按钮，关闭对话框，完成收件人的选择。

4）将插入点定位于"尊敬的"之后，单击"插入合并域"按钮，如图 4-19 所示，打开"插入域"对话框，选择列表中的"姓名"选项，如图 4-20 所示，单击"插入"按钮，再单击"关闭"按钮，返回文档中，完成域的插入。使用同样的方法，在"姓名"域后插入"称谓"域。

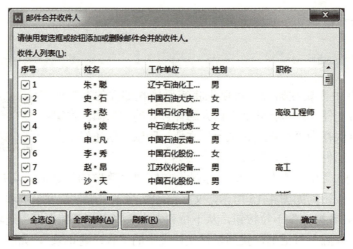

图 4-18 "邮件合并收件人"对话框

图 4-19 "插入合并域"按钮　　　　　图 4-20 "插入域"对话框

5）单击"合并到新文档"按钮,如图 4-21 所示。保持"合并到新文档"对话框中的"全部"单选按钮的选中,如图 4-22 所示。单击"确定"按钮,返回主文档,此时生成合并后的新文档"文字文稿 1"。

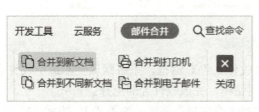

图 4-21 "合并到新文档"按钮　　　　　图 4-22 "合并到新文档"对话框

6）切换到"文字文稿 1"文档中,单击"保存"按钮,弹出"另存为"对话框,设置文件的保存路径，以"合并后的贺卡"命名文件进行保存。之后关闭"合并后的贺卡"和"新春贺卡"。

4.2.3 制作标签

贺卡制作完成后，为了方便邮寄，可以利用 WPS 文字的邮件合并制作标签，粘贴到邮寄信封上。操作步骤如下。

1）新建一个空白的文档，在文档的首行输入"收件人标签"字样。之后在下方插入一个 3 行 1 列的表格，并向表格中输入如图 4-23 所示的内容。

2）切换到"引用"选项卡，单击"邮件"按钮，文档自动切换到"邮件合并"选项卡，单击"打开数据源"按钮，从下拉列表中选择"打开数据源"选项，打开"选取数据源"对话框，在对话框中找到数据源文件"客户通讯录.et"。

3）将插入点定位于"邮政编码："之后，单击"插入合并域"按钮，打开"插入域"对话框，选择"域"列表框中的"邮编"选项，如图 4-24 所示。单击"插入"按钮，完成"邮编"域的插入。

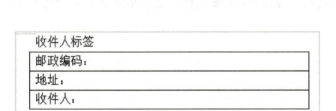

图 4-23　表格内容

图 4-24　插入"邮编"域

4）使用同样的方法向表格相应的位置插入"通讯地址"域和"姓名"域。插入完成的效果如图 4-25 所示。

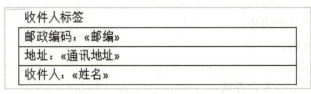

图 4-25　标签表格插入域后效果

5）将插入点定位于表格下方的首行，单击"插入 Next 域"按钮，此时在光标闪烁处插入了 Next 域。

6）复制表格与 Next 域，至占满整个文档，效果如图 4-26 所示。

7）单击"查看合并数据"按钮，即可看到合并后的效果，如图 4-27 所示。

图 4-26　复制表格与 Next 域后的效果　　　　图 4-27　合并数据后的效果（部分）

8）单击"合并到新文档"按钮，保持"合并到新文档"对话框中的"全部"单选按钮的选中，单击"确定"按钮，返回主文档，此时生成合并后的新文档"文字文稿 2"，以"收件人标签"为名进行保存。

4.3　案例小结

本案例通过新年贺卡的制作，学习了 WPS 文字中的页面设置、页面背景设置、页眉设置、绘制分隔线、邮件合并、创建标签等操作。

通过邮件合并功能，可以轻松地批量制作邀请函、贺年卡、荣誉证书、录取通知书、工资单、信封、准考证等。

邮件合并的操作共分为四步。

第一步：创建主文档。

第二步：创建数据源。

第三步：在主文档中插入合并域。

第四步：执行合并操作。

4.4 经验技巧

4.4.1 录入技巧

1. 让 WPS 文字粘贴操作对你"心领神会"

当我们从网页或其他程序窗口复制一些带有格式的内容，将这些内容粘贴到 WPS 文档时，文本内容的格式也会被复制过来，但很多时候我们只想保留其中的文本内容，而不需要其他非文本的元素，如表格、图片等。此时可进行如下操作，让 WPS 文字对你的粘贴操作"心领神会"。

在"文件"选项卡中选择"选项"选项，打开"选项"对话框，单击对话框左侧的"编辑"选项，在右侧的"剪切和粘贴选项"栏中单击"默认粘贴方式"右侧的下拉按钮，在下拉列表中选择"无格式文本"选项，如图 4-28 所示。单击"确定"按钮，关闭对话框，完成设置。之后再进行粘贴操作，即可实现无格式的文本粘贴。

图 4-28 "选项"对话框

2. 快速查找文件位置

编辑文件时，有时会遇到不知道当前文件所在位置的情况，通过以下的操作可以快速找到文件的存储位置。

在打开的 WPS 文档中利用鼠标右击文件名，在弹出的快捷菜单中选择"打开所在位置"命令，即可快速跳转到文件的存储位置。

4.4.2　编辑技巧

1. 智能一键排版

在进行文档编辑操作时，排版一直都是一个难题，格式错乱的文档更会让人觉得无所适从。在 WPS 文字中，根据中文段落的缩进方式，提供了"智能格式整理"等一系列快捷操作。具体操作步骤如下。

选中文本，切换到"开始"选项卡，单击"文字工具"下拉按钮，从下拉列表中选择"智能格式整理"选项即可，如图 4-29 所示。

2. 禁止首行出现标点符号

在文本编辑时，有时文字的长度刚好到了一行的末尾，从而导致标点符号出现在下一行的行首，此时可以通过"换行和分页"进行设置。具体操作步骤如下。

选择段落文本并右击，在弹出的快捷菜单中选择"段落"命令，打开"段落"对话框，切换到"换行和分页"选项卡，勾选"换行"栏中的"按中文习惯控制首尾字符"和"允许标点溢出边界"复选框，如图 4-30 所示。之后单击"确定"按钮即可。

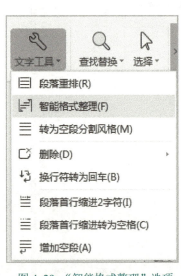

图 4-29　"智能格式整理"选项

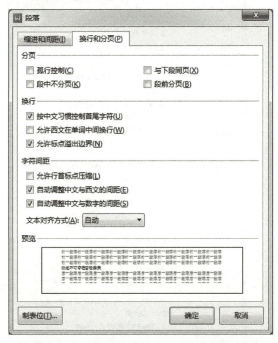

图 4-30　"段落"对话框

4.5　拓展练习

王丽是广东猎头信息文化服务公司的一名客户经理，在 2022 年中秋节即将来临之际，她设计了一个中秋贺卡，发给有业务往来的客户，祝他们中秋节快乐。

请根据上述活动的描述，利用 WPS 文字制作一张中秋贺卡，效果如图 4-31 所示，具体要求如下。

1）调整文档版面，设置纸张大小为 A4，纸张方向为横向。
2）根据效果图，在文档中插入"习题素材"文件夹中的"底图.jpg"图片。
3）设置文档中"中秋快乐"图片的大小及位置。
4）根据效果图，将文档中的文字通过两个文本框来显示，分别设置两个文本框的边框样式及底纹颜色等属性，使其显示效果与效果图一致。
5）根据效果图，分别设置两个文本框中的文字字体、字号及颜色，并设置第 2 个文本框中各段落之间的间距、对齐方式、段落缩进等属性。
6）在"客户经理："位置后面输入姓名（王丽）。
7）在"尊贵的_____先生，女士："的横线处，插入客户的姓名，客户姓名可参考"习题素材"文件夹中的"客户资料.et"。每张贺卡中只能包含 1 位客户的姓名，所有的贺卡页面请另外保存在一个名为"wps-贺卡.wps"文件中。

图 4-31　中秋贺卡效果图

案例 5　期刊文章的编辑与排版

5.1　案例简介

5.1.1　案例需求与效果展示

张芳是某学术期刊杂志社编辑助理。由于工作需要，她不仅需要搜集稿件，还需要对稿件进行修改、美化。今天她收到一篇期刊文章，她需要按照排版要求对文章进行编辑。具体要求如下。

1）修改文档的纸张大小为"B5"，纸张方向为"横向"，上、下页边距为 2.5cm，左、右页边距为 2.3cm，页眉和页脚距离边界皆为 1.6cm。

2）为文档插入"线条型"封面，将文档开头的标题文本"传统墨竹画源流析"移动到封面标题占位符中，将下方的作者姓名"林凤生"移动到摘要文本框中，适当调整它们的字体和字号，并删除其他文本框。

3）删除文档中的所有全角空格。

4）将文档中 4 个字体颜色为蓝色的段落设置为"标题 1"样式，2 个字体颜色为绿色的段落设置为"标题 2"样式，并按照以下要求修改"标题 1"和"标题 2"样式的格式。

① 标题 1 样式。字体格式：方正姚体，小三号，加粗，字体颜色为"白色，背景 1"；段落格式：段前、段后间距为 0.5 行，左对齐，并与下段同页；底纹：应用于标题所在段落，颜色为"培安紫，着色 4，深色 25％"。

② 标题 2 样式。字体格式：方正姚体，四号，字体颜色为"培安紫，着色 4，深色 25％"；段落格式：段前段后间距为 0.5 行，左对齐，并与下段同页；边框：对标题所在段落应用下框线，宽度为 0.5 磅，颜色为"培安紫，着色 4，深色 25％"，且距正文的间距为 3 磅。

5）新建"图片"样式，应用于文档正文中的 8 张图片，并修改样式为居中对齐和与下段同页，修改图片正文的注释文字，将手动的标签和编号"图 1"到"图 8"替换为可以自动编号和更新的题注，并设置所有题注内容为居中对齐，小四号字，中文字体为黑体，西文字体为 Arial，段前、段后间距为 0.5 行；修改标题和题注以外的所有正文文字的段前和段后间距为 0.5 行。

6）将正文中使用黄色突出显示的文本"图 1"到"图 8"替换为可自动更新的交叉引用，引用类型为图片下方的题注，只引用标签和编号。

7）在文档除了首页外的所有页面的页脚正中央添加页码，正文页码自 1 开始，格式为"Ⅰ，Ⅱ，Ⅲ，…"。

8）为文档添加自定义属性，名称为"类别"，类型为"文本"，取值为"科普"。

经过技术分析，张芳使用 WPS 文字按要求完成了期刊文章的排版，效果如图 5-1 所示。

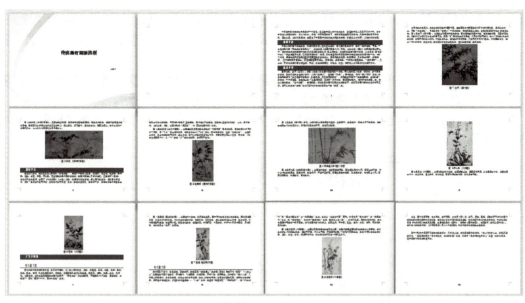

图 5-1 文章编辑完成后效果图（部分）

5.1.2 案例目标

知识目标：
- 了解文档的页面设置作用。
- 了解样式、题注、页脚的作用。

技能目标：
- 掌握页面设置的方法。
- 掌握插入内置封面。
- 掌握样式的修改与应用。
- 掌握图片样式的创建与应用。
- 掌握题注的添加与交叉引用。
- 掌握页脚的设置。
- 掌握文档属性的设置。

素养目标：
- 提升 WPS 高效应用的信息意识。
- 加强优秀传统文化的认知与学习。

5.2 案例实现

对于期刊文章这类长文档的编辑、排版是 WPS 文字中一个比较复杂的应用。要实现案例的效果，需要对文档进行一系列设置。

5-1 页面设置

5.2.1 页面设置

在对文章进行排版之前，首先应进行页面设置，可以直观地看到页面中的内容和排版是否适宜，避免事后的修改。本案例中要求修改文档的纸张大小为"B5"，纸张方向为"横向"，上、下页边距为 2.5cm，左、右页边距为 2.3cm，页眉和页脚距离边界皆为 1.6cm。页面设置的具体操作步骤如下。

1）打开素材文件夹中的"传统墨竹画源流析.wps"，切换到"页面布局"选项卡，单击"纸张大小"按钮，在下拉列表中选择"B5（JIS）"选项，如图 5-2 所示。

2）在"页面布局"选项卡中，单击"纸张方向"按钮，在下拉列表中选择"横向"选项，如图 5-3 所示。

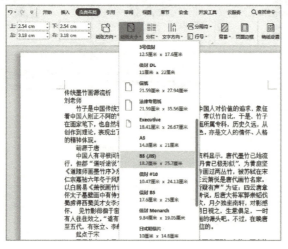

图 5-2　设置"纸张大小"　　　　　　　　　图 5-3　设置"纸张方向"

3）单击"页面设置"对话框启动器按钮，打开"页面设置"对话框，在"页边距"选项卡中，将"页边距"栏中的"上""下"微调框的值设置为"2.5"，"左""右"微调框的值设置为"2.3"，如图 5-4 所示。切换到"版式"选项卡，在"页眉和页脚"栏中将"距边界"的"页眉""页脚"微调框的值均设置为"1.6"，如图 5-5 所示。设置完成后，单击"确定"按钮，关闭"页面设置"对话框，完成文档的页面设置。

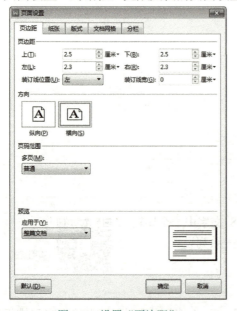
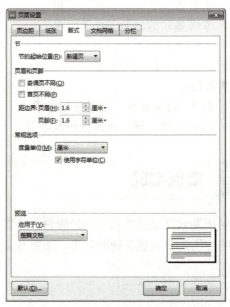

图 5-4　设置"页边距"　　　　　　　　　图 5-5　设置页眉和页脚距边界的距离

5.2.2 插入封面

案例要求的文档设置封面，此时可以使用 WPS 文字中自带的封面模版来实现封面的插入。根据本案例的要求，具体操作步骤如下。

5-2 插入封面

1）将插入点定位到文档的开头，切换到"章节"选项卡，单击"封面页"按钮，在下拉列表中选择"线条型"选项，如图 5-6 所示。

2）将文档开头的标题文本"传统墨竹画源流析"移动到封面页标题文本框中，并将标题文本的字体设置为"华文中宋"，字号为"一号"，"加粗"。

3）将作者姓名"刘老师"移动到封面页的摘要文本框中，并将其移动到标题文本框的右下方。

4）选中"键入公司名称""键入公司地址"所在的文本框，按〈Delete〉键删除。封面制作完成后的效果如图 5-7 所示。

图 5-6 选择"线条型"封面

图 5-7 封面完成后的效果

5.2.3 应用与修改样式

样式就是已经命名的字符和段落格式，它规定了文档中标题、正文等各个文本元素的格式。为了使整个文档具有相对统一的风格，相同的标题应该具有相同的样式。

5-3 应用与修改样式

WPS 文字中提供了多种内置样式，但不完全符合本案例中的规定，需要修改内置样式以满足格式要求。在应用样式前先按要求将文档中所有的全角空格删除，具体操作步骤如下。

1)将插入点置于文档的第 2 页,切换到"开始"选项卡,单击"查找替换"下拉按钮,从下拉列表中选择"替换"选项,如图 5-8 所示。打开"查找和替换"对话框,如图 5-9 所示。

图 5-8　选择"替换"选项　　　　　　　　图 5-9　"查找和替换"对话框

2)在"查找内容"文本框中输入全角空格,在"替换为"文本框中不输入任何内容。单击"全部替换"按钮,弹出"WPS 文字"提示框,显示已完成 36 处替换,如图 5-10 所示。单击"确定"按钮,完成全角空格的删除。

图 5-10　"WPS 文字"提示框

> 提示:通过在"开始"选项卡中单击"文字工具"下拉按钮,并在弹出的下拉列表中选择"删除"→"删除空格"选项,可快速删除文档中的空格。

删除全角空格后即可对文档进行修改与应用样式的操作,具体操作步骤如下。

1)将插入点定位于文档第一处蓝色文本(萌源于唐)段落之中,切换到"开始"选项卡,在样式库中选择"标题 1"样式,如图 5-11 所示。此时插入点所在的文本段落应用了"标题 1"样式。

图 5-11　选择"标题 1"样式

2)右击"标题 1"样式,在弹出的快捷菜单中选择"修改样式"命令,弹出"修改样式"对话框,如图 5-12 所示。单击"格式"按钮,从弹出的下拉列表中选择"字体"选项,打开"字体"对话框。切换到"字体"选项卡,设置字体为"方正姚体",字号为"小三",字形为"加粗",字体颜色为"白色,背景 1",如图 5-13 所示。单击"确定"按钮,返回"修改样式"对话框。

图 5-12 "修改样式"对话框

图 5-13 "字体"对话框

3)再次单击"格式"按钮,在下拉列表中选择"段落"选项,打开"段落"对话框,在"缩进和间距"选项卡中,保持"常规"栏中"对齐方式"为"左对齐"不变,设置"间距"栏中"段前""段后"微调框的值为"0.5",保持其后的单位"行"不变,如图 5-14 所示。切换到"换行和分页"选项卡,勾选"与下段同页"复选框。单击"确定"按钮,关闭"段落"对话框,返回到"修改样式"对话框。

图 5-14 "段落"对话框

4)再次单击"格式"按钮,在下拉列表中选择"边框"选项,打开"边框和底纹"对话框,切换到"底纹"选项卡,在"填充"颜色选择面板中选择"培安紫,着色 4,深色 25%"选项,如

图 5-15 所示。单击"确定"按钮,返回到"修改样式"对话框。再单击"确定"按钮,关闭"修改样式"对话框,返回文档中,完成"标题 1"样式的修改,效果如图 5-16 所示。

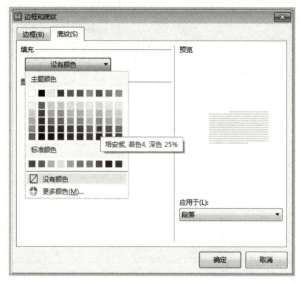

图 5-15 "边框和底纹"对话框

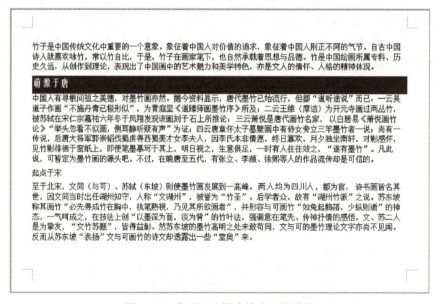

图 5-16 "标题 1"样式修改后的效果

5)双击"开始"选项卡中的"格式刷"按钮,利用格式刷将文档中所有的蓝色文本设置成统一的"标题 1"样式。对于长文档,也可以用 WPS 文字中的"替换"功能实现快速应用格式。

6)使用同样的方法,将插入点置于文档中第一处绿色文本段落之中,为其应用"标题 2"样式。右击"标题 2"样式,在快捷菜单中选择"修改样式"命令,弹出"修改样式"对话框,单击"格式"按钮,选择下拉列表中的"字体"选项,打开"字体"对话框,在对话框中设置字体为"方正姚体",字号为"四号",字体颜色为"培安紫,着色 4,深色 25%",单击

"确定"按钮返回"修改样式"对话框。

7）单击对话框下方的"格式"按钮，在下拉列表中选择"段落"选项，打开"段落"对话框，在"缩进和间距"选项卡中设置"对齐方式"为"左对齐"，设置间距栏"段前""段后"微调框的值为"0.5"，切换到"换行和分页"选项卡，勾选"与下段同页"复选框，设置完成后，单击"确定"按钮，返回"修改样式"对话框。

8）再次单击"格式"按钮，在下拉列表中选择"边框"选项，打开"边框和底纹"对话框，切换到"边框"选项卡，将颜色设置为"培安紫，着色 4，深色 25％"，宽度设置为"0.5 磅"，单击"预览"中的"下边框"，如图 5-17 所示。单击下方的"选项"按钮，打开"边框和底纹选项"对话框，将"下"微调框的值设置为"3"，如图 5-18 所示。单击 3 次"确定"按钮，返回文档，完成标题 2 样式的修改，效果如图 5-19 所示。

图 5-17 "边框和底纹"对话框

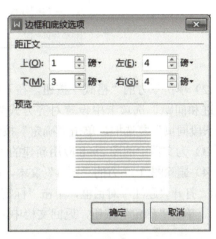

图 5-18 "边框和底纹选项"对话框

![标题2效果图]

图 5-19 "标题 2"样式修改后的效果图

9）利用格式刷将文中所有绿色文本设置为"标题 2"样式。

5.2.4 新建图片样式

本文档中有多处图片，为了使图片具有统一的格式，也可以使用样式功能进行设置。操作步骤如下。

1）选中文档中的第 1 张图片对象，切换到"开始"选项卡，单击"新样式"按钮，从下拉列表中选择"新样式"选项，打开"新建样式"对话框。在"属性"栏中的"名称"文本框中输入新样式的名称"图片"，如图 5-20 所示。

5-4 新建图片样式

图 5-20 "新建样式"对话框

2)单击下方的"格式"按钮,在下拉列表中选择"段落"选项,打开"段落"对话框,在"缩进和间距"选项卡中设置对齐方式为"居中对齐",切换到"换行和分页"选项卡,勾选"与下段同页"复选框,单击"确定"按钮。返回文档中,完成"图片"样式的创建。

3)为文档中的图 2~8 应用新建的"图片"样式。

4)删除图 1 下方的"图 1"文本,切换到"引用"选项卡,单击"题注"按钮,如图 5-21 所示。打开"题注"对话框,单击"标签"下拉按钮,从下拉列表中选择"图"选项,如图 5-22 所示。单击"确定"按钮,返回文档中,完成题注的插入。

图 5-21 "题注"按钮

图 5-22 "题注"对话框

5)删除图 2 下方的文字"图 2",再次打开"题注"对话框,此时对话框中自动显示"图 2"的题注,单击"确定"按钮,即可快速添加题注。使用同样的方法,设置第 3~8 张图片的题注。

6)选中第 1 张图下方的题注文本段落,切换到"开始"选项卡,单击"字体"对话框启动器按钮,打开"字体"对话框,将中文字体设置为"黑体",将西文字体设置为"Arial",字号设置为"小四",如图 5-23 所示。单击"确定"按钮,返回文档中。单击"段落"对话框启动器按钮,打开"段落"对话框,设置对齐方式为"居中对齐","间距"栏中"段前""段后"微调框的值为"0.5"行,如图 5-24 所示。单击"确定"按钮,返回文档中,完成段落的格式设置,效果如图 5-25 所示。

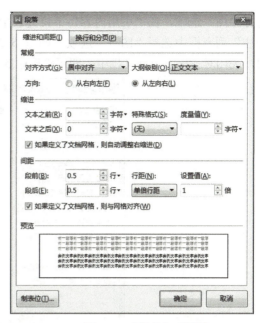

图 5-23 "字体"对话框　　　　　　　图 5-24 "段落"对话框

图 5-25 "题注"格式设置完成后效果图

7）选中第 1 张图下方的题注文本段落，双击"开始"选项卡中的"格式刷"按钮，然后依次单击第 2~10 张图下方的题注文本所在段落。完成题注格式的复制。

 提示：添加题注后，可通过修改"样式"列表中的"题注"样式进行批量修改。

8）将光标置于任一正文段落中，切换到"开始"选项卡，右击"正文"样式，从弹出的快捷菜单中选择"修改样式"命令，打开"修改样式"对话框，单击下方的"格式"按钮，在下拉列表中选择"段落"选项，打开"段落"对话框，设置"间距"栏"段前""段后"微调框的值为"0.5"，单击"确定"按钮，关闭所有对话框。完成正文样式的修改。

5.2.5 交叉引用

交叉引用就是在文档的一个位置引用文档另一个位置的内容，类似于超级链接，交叉引用一般是在同一文档中互相引用。操作步骤如下。

5-5 交叉引用

1）选中正文中使用黄色突出显示的文本"图 1"，切换到"引用"选项卡，单击"交叉引用"按钮，打开"交叉引用"对话框，在"引用类型"下拉列表中选择"图"选项,在"引用内容"下拉列表中选择"只有标签和编号"选项,在"引用哪一个题注"列表框中选择"图 1"选项,如图 5-26 所示。单击"插入"按钮,再单击"取消"按钮,关闭对话框,返回文档中,即可将选中的文本替换为交叉引用的"图 1"字样。

图 5-26 "交叉引用"对话框

2）按照同样的方法找到正文中使用黄色突出显示的文本,依次插入相对应的题注标签。

5.2.6 设置页脚

页脚是文档中每个页面中底部的区域,常用于显示文档的附加信息,可以在页脚中插入文本或图形,如页码、日期、公司徽标、文档标题、文件名或作者名等。由于本案例中首页不添加页码,且要求正文从第 1 页开始,需要先在正文第 1 页添加奇数页分节符。操作步骤如下。

5-6 设置页脚

1）将插入点定位于第 2 页正文首行,切换到"页面布局"选项卡,单击"分隔符"按钮,从下拉列表中选择"奇数页分节符"选项,如图 5-27 所示。在封面页和正文页之间插入一个空白页。

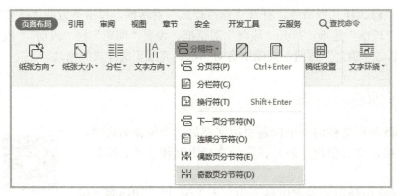

图 5-27 "奇数页分节符"选项

2）双击第 3 页的页脚位置，进入页眉页脚编辑状态。切换到"页眉和页脚"选项卡，单击"页码"按钮，在下拉列表中选择"页码"选项，打开"页码"对话框，在"样式"下拉列表中选择"Ⅰ，Ⅱ，Ⅲ…"类型，将"起始页码"设置为"1"，在"应用范围"栏中选择"本页及之后"单选按钮，如图 5-28 所示。单击"确定"按钮，返回文档中。

3）单击"页眉和页脚"选项卡中的"关闭"按钮，返回文档的编辑状态，完成页码的添加。

4）单击"文件"按钮，从下拉列表中选择"文档加密"→"属性"选项，打开属性对话框。切换到"自定义"选项卡，在"名称"文本框中输入"类别"，保持"类型"下拉列表框中的"文本"选项不变，在"取值"文本框中输入"科普"，如图 5-29 所示。单击"确定"按钮返回文档中，单击"保存"按钮，保存文档，完成本案例期刊文章的编辑与排版。

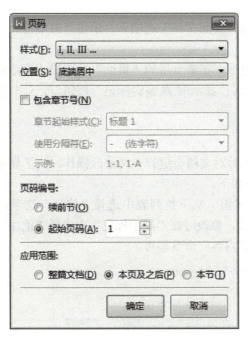

图 5-28 "页码"对话框

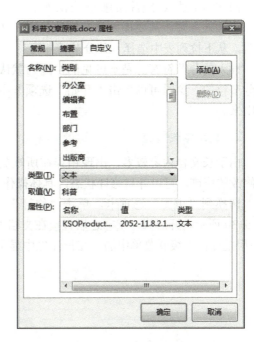

图 5-29 属性对话框

5.3 案例小结

通过对期刊文章进行编辑与排版的学习，读者对长文档的页面设置、样式的修改和应用、样式的创建与应用、插入题注、交叉引用、插入页脚等操作有了深入的了解和掌握。在日常工作中经常会遇到许多长文档，如毕业论文、企业的招标书、员工手册等，这些长文档的纲目结构通常比较复杂，内容也较多，熟练掌握了以上操作就可以对此类长文档的排版和编辑做到游刃有余了。

5.4 经验技巧

5.4.1 排版技巧

1. 文档分节

默认一篇文章就是一节。为了在一篇文章中设置不同的元素如页边距、页面的方向、页眉和页脚，以及页码的顺序，可以通过分节符实现。分节符是指用表示节的结尾插入的标记。简单地说，一篇文章可以包含不同的节，每节中可以设置独立的格式（页面设置等）。

向文档中插入分节符的操作方法如下。

将插入点置于需要插入分节符的位置，切换到"页面布局"选项卡，单击"分隔符"下拉按钮，从下拉列表中选择一种分节符即可。

插入的分节符有时是不可见的，因为默认情况下，在最常用的"页面"视图模式下是看不到分节符的。这时可以单击"开始"选项卡中的 ≒ "显示/隐藏编辑标记"按钮，让分节符显示出来。

2. 显示修改痕迹

由于长文档内容较多，出现错误在所难免，此时对文档会进行一些修改操作。为了显示文档修改的痕迹，可以开启修订状态。具体操作步骤如下。

切换到"审阅"选项卡，单击"修订"下拉按钮，从下拉列表中选择"修订"选项，如图 5-30 所示。开启修订状态之后直接在文档中修改，修改时在"显示标记"中选择"批注"和"使用批注框"级联菜单中的"在批注框中显示修订内容"命令即可。

图 5-30 "修订"选项

5.4.2 长文档技巧

1. 同时编辑文档的不同部分

操作长文档时，有时需要同时编辑同一文档中相距较远的几部分。通过 WPS 文字的新建窗口功能，可以实现长文档中不同部分的同时编辑。

具体操作步骤如下。

首先打开需要显示和编辑的文档，如果文档窗口处于最大化状态，切换到"视图"选项卡，单击"新建窗口"按钮，如图 5-31 所示。屏幕上立即会出现一个新窗口，显示的也是这篇文档，这时就可以通过窗口切换和窗口滚动操作，使不同的窗口显示同一文档的不同位置中的内容，以便阅读和编辑修改。

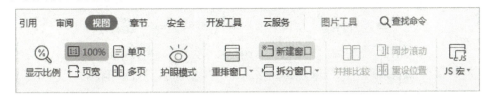

图 5-31 "新建窗口"按钮

此外，也可以通过"新建窗口"下方的"拆分窗口"按钮，实现文档窗口一分为二的效果。

2. 提取文档目录

在 WPS 文字中，对于已设置了大纲级别的文本，可快速实现目录的提取。具体操作如下。

将插入点定位于需要插入目录的位置，切换到"引用"选项卡，单击"目录"按钮，从下拉列表中选择"自动目录"中的"目录"选项，如图 5-32 所示，即可实现目录的快速提取并且目录的内容会按照级别不同而缩进。

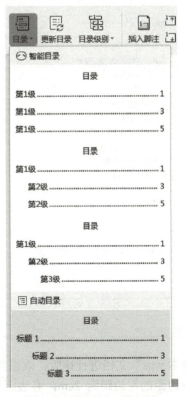

图 5-32 "目录"下拉列表

3. 快速浏览、定位长文档

单击"视图"选项卡的"导航窗格"按钮，选择导航窗格的显示位置，如图 5-33 所示。然后单击导航窗格中的标题即可跳转至文档中相应位置，如图 5-34 所示。导航窗格将在一个单独的窗格中显示文档标题，用户可通过文档结构图在整个文档中快速漫游并追踪特定位置。在导航窗格中，可选择显示的内容级别，调整文档结构图的大小。若标题太长，超出文档结构图宽度，不必调整窗口大小，只须将鼠标指针在标题上稍作停留，即可看到整个标题。

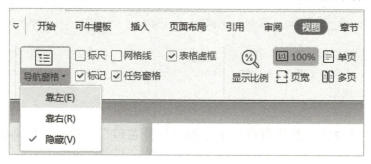

图 5-33 "导航窗格"下拉列表

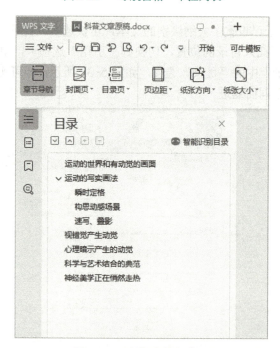

图 5-34 "导航窗格"窗口

5.5 拓展练习

根据要求对提供的"黑客技术.wps"文档进行排版，效果如图 5-35 所示。具体要求如下。

1）调整纸张大小为 B5，页边距的左边距为 2cm，右边距为 2cm，装订线为 1cm，对称页边距。

2）将文档中第一行"黑客技术"设置为标题 1，将文档中黑体字的段落设为标题 2，斜体字段落设置为标题 3。

3)将正文部分内容设为四号字,每个段落设为 1.2 倍行距且首行缩进 2 字符。
4)将正文第一段落的首字"很"下沉 2 行。
5)在文档的开始位置插入只显示 2 级和 3 级标题的目录,并用分节符的方式令其独占一行。
6)文档除目录页外均显示页码,正文开始为第 1 页,奇数页码显示在文档的底部靠右,偶数页码显示在文档的底部靠左。文档偶数页加入页眉,页眉中显示文档标题"黑客技术",奇数页页眉没有内容。

图 5-35 练习效果图(部分)

案例 6　制作技能竞赛选手信息表

6.1 案例简介

6.1.1 案例需求与效果展示

某高职院校为了提高学生对办公软件的学习热情，举办了信息技术技能竞赛。经过初赛选拔，部分优秀学生进入了决赛，为了了解决赛选手的基本情况，现要制作一张进入决赛的选手信息表，院办主任张老师利用 WPS 表格的相关操作，很快完成了这项任务。效果如图 6-1 所示。

图 6-1　"竞赛选手信息表"效果图

6.1.2 案例目标

知识目标：
- 了解 WPS 工作簿文件作用。
- 了解 WPS 工作簿文件的优势。

技能目标：
- 掌握 WPS 表格中单元格的自定义格式。
- 掌握单元格的格式设置。
- 掌握数据有效性的设置。
- 掌握自定义数据序列。
- 掌握表格的格式化。

素养目标：
- 提升社会责任感和法律意识。
- 加强科学严谨的工作态度。

案例 6　制作技能竞赛选手信息表

6.2　案例实现

6.2.1　建立竞赛选手基本表格

为了全面了解参加技能竞赛选手的基本情况，表格中包含的字段较多，在向表格中录入数据之前，需要创建一个基本表格，包括表格的标题和表头。具体操作步骤如下。

1）启动 WPS 表格，创建一个空白的工作簿文件，右击工作表标签"Sheet1"，从弹出的快捷菜单中选择"重命名"命令，如图 6-2 所示。此时工作表标签将被选中且反白显示，将工作表标签"Sheet1"删除并输入文本"竞赛选手信息表"，如图 6-3 所示。完成工作表的重命名操作。

图 6-2　"重命名"命令　　　　　　　　图 6-3　重命名工作表后的效果

2）选择单元格 A1，在其中输入文字"信息技术技能竞赛选手信息表"。在单元格区域 A2:I2 中依次输入"序号""参赛号""姓名""性别""年龄""身份证号""所在专业""初赛成绩""联系方式"。

3）选择单元格区域 A1:I1，单击"开始"选项卡中的"合并居中"下拉按钮，从下拉列表中选择"合并居中"选项，如图 6-4 所示。完成标题行的合并居中，效果如图 6-5 所示。

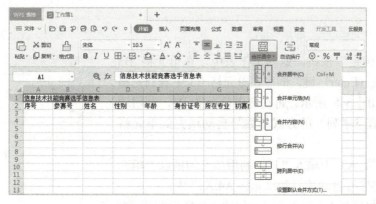

图 6-4　"合并居中"选项

图 6-5　竞赛选手信息表的标题与表头

6.2.2　自定义参赛号格式

参赛号用于区别每个参赛对象和参赛结果，最后进行表彰。信息技术竞赛的参赛号格式为"年份+赛项号+参赛序号"，信息技术赛项的赛项号为"01"，则 2022 年此赛项的第 1 号选手的参赛号为"202201001"。利用 WPS 表格中"单元格格式"的"自定义"功能完成参赛号的快速输入。具体操作步骤如下。

6-2 自定义参赛号格式

1）选择单元格区域 B3:B17，切换到"开始"选项卡，单击"单元格格式：数字"按钮，如图 6-6 所示，打开"单元格格式"对话框。

2）对话框自动切换到"数字"选项卡，选择"分类"列表框中的"自定义"选项，在右侧"类型"文本框中输入"202201000"，如图 6-7 所示。

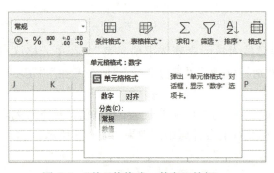

图 6-6　"单元格格式：数字"按钮

图 6-7　设置"自定义"格式

3）单击"确定"按钮，返回工作表中，在单元格 B3 中输入"1"，按〈Enter〉键，即可在单元格 B3 中看到完整的编号格式，如图 6-8 所示。再次选中单元格 B3，利用填充句柄，以"填充序列"的方式将编号自动填充到单元格 B4:B17 中。

图 6-8　"自定义"单元格完成后效果图

4）在单元格 A3 中输入"1"，利用填充句柄以"填充序列"的方式将序号自动填充到单元格 A4:A17 中。

5）在单元格区域 C3:C17 中输入如图 6-9 所示的选手姓名。

案例 6　制作技能竞赛选手信息表

图 6-9　选手姓名

6.2.3　制作性别、所在专业下拉列表

选手信息表中的"性别"与"所在专业"列可以通过 WPS 表格中的"有效性"功能，将单元格中的内容制作成下拉列表供用户选择，以实现快速输入信息。具体操作步骤如下。

1）选中单元格区域 D3:D17，切换到"数据"选项卡，单击"有效性"按钮，从下拉列表中选择"有效性"选项，如图 6-10 所示。打开"数据有效性"对话框。

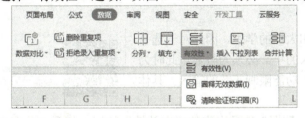

图 6-10　"有效性"选项

6-3 制作性别、所在专业下拉列表

2）在"设置"选项卡中，单击"允许"下拉按钮，从下拉列表中选择"序列"选项，在"来源"参数框中，输入文本"男,女"，如图 6-11 所示。（注意：文本中的逗号为英文状态下的符号。）单击"确定"按钮，返回工作表。

3）此时单元格 D3 右侧出现下拉按钮，单击此下拉按钮，即可在下拉列表中显示"性别"选项，如图 6-12 所示。

图 6-11　"数据有效性"对话框　　　　　图 6-12　选择输入"性别"列

4）使用同样的方法，选择单元格区域 G3:G17，打开"数据有效性"对话框，设置序列"来源"为"软件技术,网络技术,应用技术"，如图 6-13 所示。

5）单击"确定"按钮，返回工作表，在单元格区域 G3:G17 中选择选手所在的专业，效果如图 6-14 所示。

图 6-13 设置"所在专业"列的"数据有效性"

图 6-14 设置下拉列表后的效果图

6.2.4 设置年龄数据验证

由于本次竞赛要求参赛选手为大一和大二的学生，因此对于选手的年龄要求在 18~20 岁之间，并且输入的年龄必须为整数，此时为了避免输入出错，也可以使用"有效性"功能限制年龄的输入。具体操作步骤如下。

6-4 设置年龄数据验证

1）选择单元格区域 E3:E17，单击"数据"选项卡中的"有效性"按钮，打开"数据有效性"对话框。

2）在"设置"选项卡中，在"允许"下拉列表中选择"整数"选项，在"数据"下拉列表中选择"介于"选项，在"最小值"参数框中输入"18"，在"最大值"参数文本框中输入"20"，如图 6-15 所示。

3）切换到"输入信息"选项卡，在"输入信息"文本框中输入相关信息"请输入 18-20 之间的年龄！"，如图 6-16 所示。

图 6-15 设置"设置"选项卡

图 6-16 设置"输入信息"选项卡

4）切换到“出错警告”选项卡，在“样式”下拉列表中选择“警告”选项，在“错误信息”文本框中输入 “您输入的年龄超出范围！”，如图 6-17 所示。

5）单击“确定”按钮，返回工作表，可看到如图 6-18 所示的提示信息。

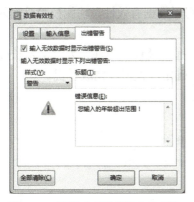

图 6-17　设置“出错警告”选项卡

	A	B	C	D	E	F	G
1	信息技术技能竞赛选手信息表						
2	序号	参赛号	姓名	性别	年龄	身份证号	所在专业
3	1	202201001	刘*洋	女			软件技术
4	2	202201002	李*梅	女			网络技术
5	3	202201003	杨*洋	男			网络技术
6	4	202201004	陈*丽	女			软件技术
7	5	202201005	赵*霞	女			软件技术
8	6	202201006	郑*娟	女			应用技术
9	7	202201007	张*玉	女			应用技术
10	8	202201008	龙*丹	女			应用技术
11	9	202201009	杨*燕	女			软件技术
12	10	202201010	陈*辉	男			软件技术
13	11	202201011	郑*鸣	男			网络技术
14	12	202201012	陈*星	男			网络技术
15	13	202201013	王*桦	男			网络技术
16	14	202201014	苏*辉	男			软件技术
17	15	202201015	田*栋	男			软件技术

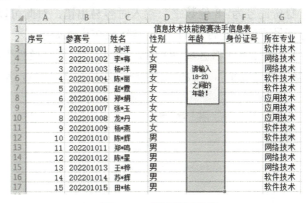

图 6-18　显示提示信息

6）如果在单元格中输入了小于 18 或大于 20 的数据，将弹出如图 6-19 所示的提示框，按〈Enter〉键，可重新输入数据。“年龄”列输入数据后的效果如图 6-20 所示。

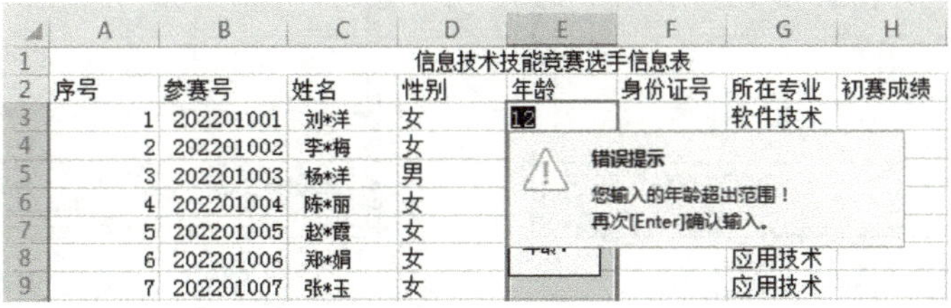

	A	B	C	D	E	F	G	H
1	信息技术技能竞赛选手信息表							
2	序号	参赛号	姓名	性别	年龄	身份证号	所在专业	初赛成绩
3	1	202201001	刘*洋	女	12		软件技术	
4	2	202201002	李*梅	女				
5	3	202201003	杨*洋	男				
6	4	202201004	陈*丽	女				
7	5	202201005	赵*霞	女				
8	6	202201006	郑*娟	女			应用技术	
9	7	202201007	张*玉	女			应用技术	

图 6-19　显示“错误提示”

	A	B	C	D	E	F
1	信息技术技能竞赛选手信息表					
2	序号	参赛号	姓名	性别	年龄	身份证号
3	1	202201001	刘*洋	女	18	
4	2	202201002	李*梅	女	20	
5	3	202201003	杨*洋	男	19	
6	4	202201004	陈*丽	女	19	
7	5	202201005	赵*霞	女	18	
8	6	202201006	郑*娟	女	18	
9	7	202201007	张*玉	女	18	
10	8	202201008	龙*丹	女	20	
11	9	202201009	杨*燕	女	20	
12	10	202201010	陈*辉	男	20	
13	11	202201011	郑*鸣	男	19	
14	12	202201012	陈*星	男	19	
15	13	202201013	王*桦	男	20	
16	14	202201014	苏*辉	男	18	
17	15	202201015	田*栋	男	18	

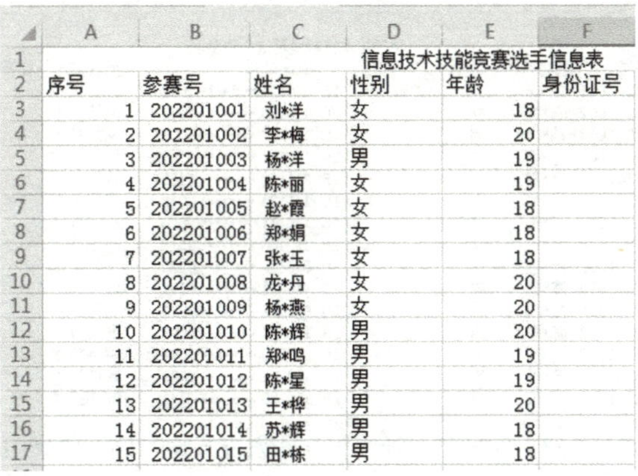

图 6-20　“年龄”列输入数据后的效果

6.2.5　输入身份证号与联系方式

身份证号与联系方式是由数字组成的文本型数据，没有数值的意义，所以在输入数据前应设置单元格的格式。具体操作步骤如下。

6-5 输入身份证号与联系方式

1）使用〈Ctrl〉键，选择不连续的单元格区域 F3:F17、I3:I17，

切换到"开始"选项卡,单击"单元格格式:数字"按钮,打开"单元格格式"对话框,在"数字"选项卡的"分类"列表框中选择"文本"选项,如图 6-21 所示。

2)单击"确定"按钮,完成所选区域的单元格格式设置。

身份证号为 18 位数字,输入时容易出错,对此可以使用"数据有效性"功能校验已输入的身份证号码位数是否为 18 位。具体操作步骤如下。

1)选择单元格区域 F3:F17,打开"数据有效性"对话框,设置"允许"为"文本长度","数据"为"等于","数值"为 18,如图 6-22 所示,单击"确定"按钮,完成设置。

图 6-21 "单元格格式"对话框

图 6-22 限定文本长度

2)根据图 6-23 所示效果,输入员工身份证号码与联系方式。

图 6-23 完成身份证号码与联系方式输入后的效果图

6.2.6 输入初赛成绩

竞赛选手的初赛成绩为数值型数据,且需要保留两位小数,在输入之前需要先设置单元格格式。具体操作步骤如下。

1)选择单元格区域 H3:H17,打开"单元格格式"对话框,在"数字"选项卡的"分类"列表框中选择"数值"选项,保持其他默

6-6 输入初赛成绩

认值不变，如图 6-24 所示。单击"确定"按钮，完成所选区域的单元格格式设置。

图 6-24　设置数值型数据类型

2）输入每位选手的成绩，效果如图 6-25 所示。

序号	参赛号	姓名	性别	年龄	身份证号	所在专业	初赛成绩	联系方式
1	202201001	刘*洋	女	18	110221********1621	软件技术	98.70	189****2111
2	202201002	李*梅	女	20	110226********0014	网络技术	89.95	131****2313
3	202201003	杨*洋	男	19	130822********1019	网络技术	99.50	131****2322
4	202201004	陈*丽	女	19	110111********2242	软件技术	88.95	137****2345
5	202201005	赵*霞	女	18	211282********2425	软件技术	96.75	178****2134
6	202201006	郑*娟	女	18	141126********001X	应用技术	98.50	189****1234
7	202201007	张*玉	女	18	110111********2026	应用技术	99.85	180****2345
8	202201008	龙*丹	女	20	110103********1517	应用技术	93.75	190****2345
9	202201009	杨*燕	女	20	370682********0226	软件技术	93.80	167****2345
10	202201010	陈*辉	男	20	410322********6121	软件技术	94.50	133****2222
11	202201011	郑*鸣	男	19	630102********0871	网络技术	91.55	134****5678
12	202201012	陈*星	男	19	130425********0073	网络技术	92.35	155****6767
13	202201013	王*桦	男	20	370785********3684	网络技术	95.50	155****5566
14	202201014	苏*辉	男	19	110106********0939	软件技术	87.85	133****8787
15	202201015	田*栋	男	18	110108********3741	软件技术	88.85	198****0987

图 6-25　完成"初赛成绩"列数据输入后的效果图

3）选中单元格 A1，切换到"开始"选项卡，设置文本的字体为"微软雅黑"，字号为"18"，加粗，如图 6-26 所示。

图 6-26　设置标题行文本的字体与字号

4）选择单元格区域 A2:I17，设置所选区域文本的字体为"宋体"，字号为"12"，单击"边框"下拉按钮，从下拉列表中选择"所有框线"选项，如图 6-27 所示。单击"行和列"下拉按钮，从下拉列表中选择"行高"选项，如图 6-28 所示。打开"行高"对话框，在"行高"微调框中输入

"18",如图6-29所示。单击"确定"按钮,完成所选区域行高的设置。效果如图6-1所示。

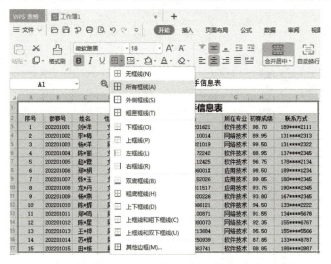

图6-27 "所有框线"选项

图6-28 "行高"命令

图6-29 "行高"对话框

5)单击"保存"按钮,打开"另存文件"对话框,如图6-30所示,设置文件的保存路径,在"文件名"组合框中输入"信息技术竞赛选手信息表",单击"保存"按钮,保存工作簿文件,完成本案例信息表的制作。

图6-30 "另存文件"对话框

6.3 案例小结

本案例通过制作技能竞赛选手信息表讲解了 WPS 表格中单元格格式设置、自定义单元格格式、设置数据有效性、设置自定义序列、表格格式化等内容。在实际操作中还需要注意以下问题。

1) 单元格中可以存放各种类型的数据，WPS 表格中常见的数据类型有以下几种。
- 常规格式：是不包含特定格式的数据格式，也是 WPS 表格中默认的数据格式。
- 数值格式：主要用于设置小数点位数，还可以使用千位分隔符。默认对齐方式为右对齐。
- 货币格式：主要用于设置货币的形式，包括货币类型和小数位数。
- 会计专用格式：主要用于设置货币的形式，包括货币类型和小数位数。它与货币格式的区别是，货币格式用于表示一般货币数据，会计专用格式可以对一列数值进行小数点对齐。
- 日期和时间格式：用于设置日期和时间的格式，可以用其他的日期和时间格式来显示数字。
- 百分比格式：将单元格中的数字转换为百分比格式，会自动在转换后的数字后加 "%"。
- 分数格式：使用此格式将以实际分数的形式显示数字。如在没有设置分数格式的单元格中输入 "3/4"，单元格中将显示为 "3 月 4 日" 的日期格式。要将它显示为分数，可以先应用分数格式，再输入相应的数值。
- 文本格式：文本型数据主要包括文字、英文单词和编号等，在文本格式的单元格中，数字作为文本处理，单元格中显示的内容与输入的内容完全一致。
- 特殊格式：可用于跟踪数据列表及数据库的值。
- 自定义格式：当基本格式不能满足用户要求时，用户可以设置自定义格式。如案例中的员工编号，设置了自定义格式后，既可以简化输入过程，又能保证位数一致。

2) 当 WPS 表格中某个单元格中的内容较多，列宽不够时，会出现超出列宽的部分被遮盖的情况，此时把鼠标放到单元格右侧的框线上，待鼠标指针变成双向箭头时双击鼠标左键，可以将此列列宽调整为适合单元格内容的宽度。

6.4 经验技巧

6.4.1 拒绝输入重复值

在向 WPS 表格中输入原始数据时，为了防止输入重复值，可以提前进行设置。具体操作步骤如下。

选择需要设置的数据区域，切换到 "数据" 选项卡，单击 "拒绝录入重复项" 下拉按钮，从下拉列表中选择 "设置" 选项，如图 6-31 所示，打开 "拒绝重复输入" 对话框，在对话框中保持默认区域不变，如图 6-32 所示。单击 "确定" 按钮，即可完成拒绝重复值输入的设置。当在所设置区域中输入重复值时，将弹出如图 6-33 所示的提示信息。

图 6-31 "设置"选项

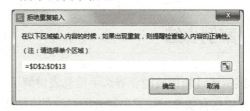

图 6-32 "拒绝重复输入"对话框

图 6-33 "拒绝重复输入"提示信息

6.4.2 快速输入性别

在输入选手信息时，对于"性别"列，如果用"0"和"1"来代替汉字"男"和"女"，可加快输入速度，通过在格式代码中使用条件判断，可实现根据单元格的内容显示对应的性别。以案例中的"性别"列为例，可进行如下的操作。

1）选择单元格区域 D3:D17，打开"单元格格式"对话框，选择"数字"选项卡，在"分类"列表框中选择"自定义"选项，在"类型"文本框中输入格式代码"[=1]"男";[=0]"女""，如图 6-34 所示。

2）单击"确定"按钮，返回工作表，在所选单元格区域中输入"0"或"1"，即可实现性别的快速输入。需要注意的是：代码中的符号均为英文状态下的符号。

在 WPS 表格中，对单元格设置格式代码需要注意以下几点。

1）自定义格式中最多只有 3 个数字字段，且只能在前两个数字字段中包含 2 个条件测试，满足某个测试条件的数字使用相应段中指定的格式，其余数字使用第 3 段格式。

2）要把条件放到方括号中，必须进行简单比较。

图 6-34 自定义格式代码

3）创建条件格式可以使用 6 种逻辑符号来设计一个条件格式，分别是大于（>）、大于等于（>=）、小于（<）、小于等于（<=）、等于（=）、不等于（<>）。

4)代码"[=1]"男";[=0]"女""表示:若单元格的值为 1,则显示"男";若单元格的值为 0,则显示"女"。

6.4.3 巧用"合并相同单元格"命令

合并相同单元格是 WPS 软件特有的功能,作用是将选定的单元格区域中相邻的且具有相同内容的单元格自动合并,以素材中的"合并相同单元格素材.et"为例,具体操作方法如下。

1)打开素材文件夹中的工作簿文件"合并相同单元格素材.et"。

2)选择单元格区域 B2:B16,切换到"开始"选项卡,单击"合并居中"下拉按钮,从下拉列表中选择"合并相同单元格"选项,如图 6-35 所示。此时表格中内容相同的部分自动完成合并,效果如图 6-36 所示。

"合并内容"选项可以将选定的单元格区域合并为一个单元格,而且单元格中的内容也会合并在一个单元格中。操作方法如下。

选择单元格区域 B2:B16,单击"合并居中"下拉按钮,从下拉列表中选择"合并内容"选项,即可快速实现所选区域单元格内容的合并,效果如图 6-37 所示。

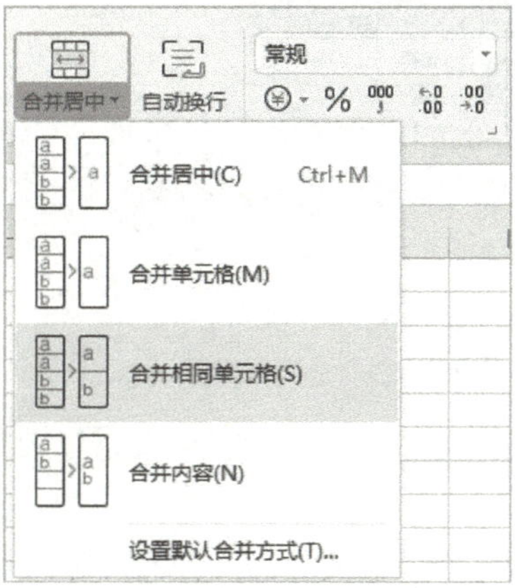

图 6-35 "合并相同单元格"选项 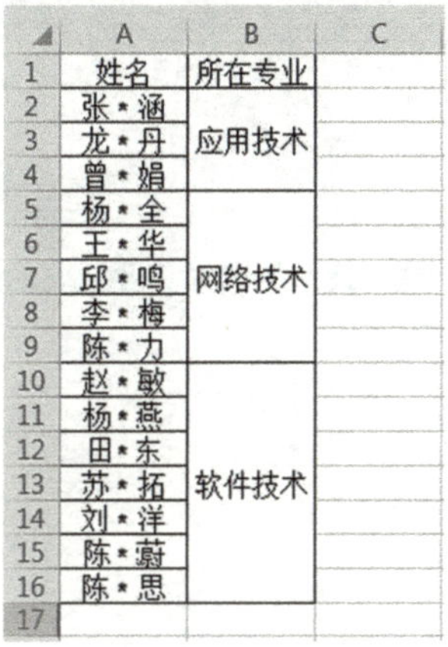   图 6-36 "合并相同单元格"后效果 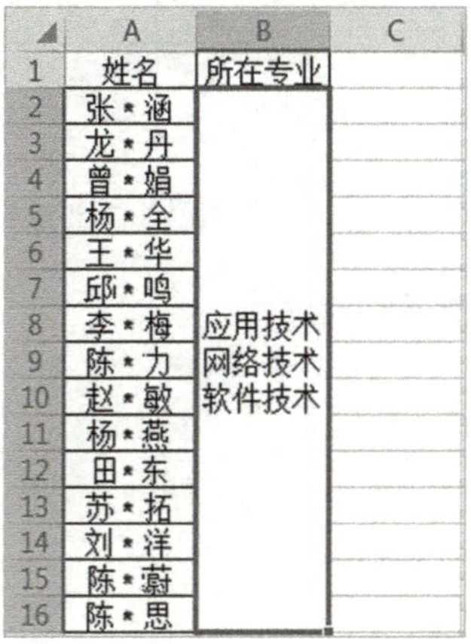   图 6-37 合并内容后的效果

6.5 拓展练习

启航电子商务有限公司是乡村振兴网上的一个供应商,为了统计公司员工乡村振兴产品的销售情况,现需要制作一个乡村振兴产品销售业绩表,效果如图 6-38 所示。具体要求如下。

1)根据效果图,新建工作簿文件"乡村振兴销售业绩表.et",将"Sheet1"工作表重命名为"2022年扶贫销售汇总",并向工作表中添加标题和表头。

2)根据效果图,自动填充"序号"列,向"姓名""商品名称""销售地区"列添加文本内容。

3)设置"工号"列为文本型数据,利用自定义设置工号格式。

4)设置添加"金额"列数据,并根据效果图设置数据类型,保留两位小数,设置千分位。

5)向"日期"列添加数据,并设置日期格式。

6）设置"销售方式"列数据为序列选择方式，序列内容为线上和线下两种。

7）设置标题行合并居中，标题行文本字体为"微软雅黑"，字号为"20"。表格内容文本字体为"仿宋"，字号为"12"，对齐方式为"居中"。

8）为表格添加边框和底纹，适当调整表格的行高和列宽。

9）为表格添加素材背景图片。

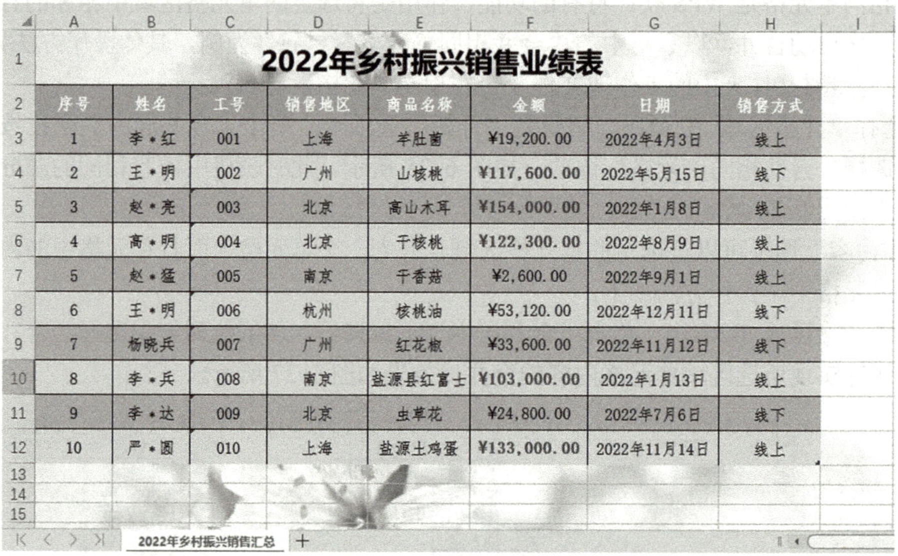

序号	姓名	工号	销售地区	商品名称	金额	日期	销售方式
				2022年乡村振兴销售业绩表			
1	李•红	001	上海	羊肚菌	¥19,200.00	2022年4月3日	线上
2	王•明	002	广州	山核桃	¥117,600.00	2022年5月15日	线下
3	赵•亮	003	北京	高山木耳	¥154,000.00	2022年1月8日	线上
4	高•明	004	北京	干核桃	¥122,300.00	2022年8月9日	线上
5	赵•猛	005	南京	干香菇	¥2,600.00	2022年9月1日	线上
6	王•明	006	杭州	核桃油	¥53,120.00	2022年12月11日	线下
7	杨晓兵	007	广州	红花椒	¥33,600.00	2022年11月12日	线下
8	李•兵	008	南京	盐源县红富士	¥103,000.00	2022年1月13日	线上
9	李•达	009	北京	虫草花	¥24,800.00	2022年7月6日	线下
10	严•园	010	上海	盐源土鸡蛋	¥133,000.00	2022年11月14日	线上

图6-38　扶贫销售业绩表的效果图

案例 7　创业学生社保情况统计

7.1 案例简介

7.1.1 案例需求与效果展示

王力是一名自主创业的大学生，创办了一家规模较大的教具生产厂。由于员工每年增加较多，为了统计员工每年各项基本社会保险费用的缴纳情况，现在他要求办公室主任对公司员工，本年度 12 月的社保缴纳情况进行统计。具体要求如下。

1）对员工的身份证号进行校验。

2）根据检验结果完善员工档案信息。

3）统计员工的年龄及工龄工资。

4）统计员工各种保险费用。

根据以上要求，办公室主任李小阳利用 WPS 表格中的公式和常用函数很快做好了统计工作。效果如图 7-1 所示。

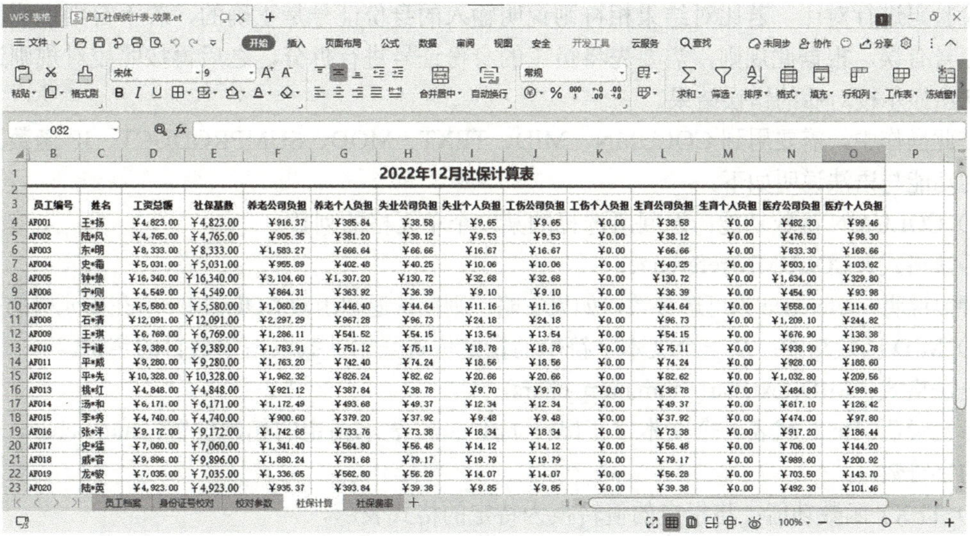

2022年12月社保计算表

员工编号	姓名	工资总额	社保基数	养老公司负担	养老个人负担	失业公司负担	失业个人负担	工伤公司负担	工伤个人负担	生育公司负担	生育个人负担	医疗公司负担	医疗个人负担
AF001	王*扬	¥4,823.00	¥4,823.00	¥916.37	¥385.84	¥38.58	¥9.65	¥9.65	¥0.00	¥38.58	¥0.00	¥482.30	¥99.46
AF002	陆*风	¥4,765.00	¥4,765.00	¥905.35	¥381.20	¥38.12	¥9.53	¥9.53	¥0.00	¥38.12	¥0.00	¥476.50	¥98.30
AF003	东*明	¥8,333.00	¥8,333.00	¥1,583.27	¥666.64	¥66.66	¥16.67	¥16.67	¥0.00	¥66.66	¥0.00	¥833.30	¥169.66
AF004	史*霜	¥5,031.00	¥5,031.00	¥955.89	¥402.48	¥40.25	¥10.06	¥10.06	¥0.00	¥40.25	¥0.00	¥503.10	¥103.62
AF005	钟*狼	¥16,340.00	¥16,340.00	¥3,104.60	¥1,307.20	¥130.72	¥32.68	¥32.68	¥0.00	¥130.72	¥0.00	¥1,634.00	¥329.80
AF006	宁*则	¥4,549.00	¥4,549.00	¥864.31	¥363.92	¥36.39	¥9.10	¥9.10	¥0.00	¥36.39	¥0.00	¥454.90	¥93.98
AF007	安*慧	¥5,580.00	¥5,580.00	¥1,060.20	¥446.40	¥44.64	¥11.16	¥11.16	¥0.00	¥44.64	¥0.00	¥558.00	¥114.60
AF008	石*清	¥12,091.00	¥12,091.00	¥2,297.29	¥967.28	¥96.73	¥24.18	¥24.18	¥0.00	¥96.73	¥0.00	¥1,209.10	¥244.82
AF009	王*琪	¥6,769.00	¥6,769.00	¥1,286.11	¥541.52	¥54.15	¥13.54	¥13.54	¥0.00	¥54.15	¥0.00	¥676.90	¥138.38
AF010	于*谦	¥9,389.00	¥9,389.00	¥1,783.91	¥751.12	¥75.11	¥18.78	¥18.78	¥0.00	¥75.11	¥0.00	¥938.90	¥190.78
AF011	平*威	¥9,280.00	¥9,280.00	¥1,763.20	¥742.40	¥74.24	¥18.56	¥18.56	¥0.00	¥74.24	¥0.00	¥928.00	¥188.60
AF012	平*先	¥10,328.00	¥10,328.00	¥1,962.32	¥826.24	¥82.62	¥20.66	¥20.66	¥0.00	¥82.62	¥0.00	¥1,032.80	¥209.56
AF013	桃*红	¥4,848.00	¥4,848.00	¥921.12	¥387.84	¥38.78	¥9.70	¥9.70	¥0.00	¥38.78	¥0.00	¥484.80	¥99.96
AF014	汤*和	¥6,171.00	¥6,171.00	¥1,172.49	¥493.68	¥49.37	¥12.34	¥12.34	¥0.00	¥49.37	¥0.00	¥617.10	¥126.42
AF015	李*秀	¥4,740.00	¥4,740.00	¥900.60	¥379.20	¥37.92	¥9.48	¥9.48	¥0.00	¥37.92	¥0.00	¥474.00	¥97.80
AF016	张*洋	¥9,172.00	¥9,172.00	¥1,742.68	¥733.76	¥73.38	¥18.34	¥18.34	¥0.00	¥73.38	¥0.00	¥917.20	¥186.44
AF017	史*猛	¥7,060.00	¥7,060.00	¥1,341.40	¥564.80	¥56.48	¥14.12	¥14.12	¥0.00	¥56.48	¥0.00	¥706.00	¥144.20
AF018	戚*容	¥9,896.00	¥9,896.00	¥1,880.24	¥791.68	¥79.17	¥19.79	¥19.79	¥0.00	¥79.17	¥0.00	¥989.60	¥200.92
AF019	龙*骏	¥7,035.00	¥7,035.00	¥1,336.65	¥562.80	¥56.28	¥14.07	¥14.07	¥0.00	¥56.28	¥0.00	¥703.50	¥143.70
AF020	陆*英	¥4,923.00	¥4,923.00	¥935.37	¥393.84	¥39.38	¥9.85	¥9.85	¥0.00	¥39.38	¥0.00	¥492.30	¥101.46

图 7-1　员工社保情况统计效果图

7.1.2 案例目标

知识目标：

- WPS 公式的作用。
- WPS 函数作用。

技能目标：
- 掌握 WPS 表格中公式的输入与编辑。
- 掌握单元格的相对引用与绝对引用。
- 掌握 IF、VLOOKUP、MID、TEXT、INT、CEILING、MOD、SUMPRODUCT 等常见函数。

素养目标：
- 加强创新创业意识。
- 加强勇于创新、敬业乐业的工作作风与质量意识。

7.2 案例实现

7.2.1 校对员工身份证号

员工的身份证号由 18 位数字组成，由于数字较多，录入时容易出现遗漏或错误，为保证身份证号码的正确性，需要对员工录入的身份证号进行校对。

7-1 校对员工身份证号

身份证号的校对原则是将身份证号的前 17 位数字分别与对应系数相乘，将乘积之和除以 11，所得余数即为计算出的检验码。将原身份证号的第 18 位与计算出的检验码进行对比，若比对结果相符则说明输入的身份证号是正确的，若不符则说明输入的身份证号有误。根据此规则，需要先将员工的身份证号进行拆分，之后再按照校对规则进行检验。突出显示校对后的错误结果。

在此操作中，需要用到 COLUMN、MID、TEXT、MOD、SUMPRODUCT、IF 函数。这些函数的功能与语法说明如下。

1）COLUMN 函数功能：返回所选择的某一个单元格的列数。

语法格式：COLUMN(reference)

参数说明：reference 为可选参数，如果省略，则默认返回函数 COLUMN 所在单元格的列数。

2）MID 函数功能：从一个文本字符串的指定位置开始，截取指定数目的字符。

语法格式：MID(text,start_num,num_chars)

参数说明：text 代表一个文本字符串；start_num 表示指定的起始位置；num_chars 表示要截取的字符数。

3）TEXT 函数功能：将指定的值转换为特定的格式表示。

语法格式：TEXT(value, format_text)

参数说明：value 是需要转换的值；format_text 表示需要转换的文本格式。

4）MOD 函数功能：返回两个数相除的余数。

语法格式：MOD(number,divisor)

参数说明：number 是被除数；divisor 是除数。

5）SUMPRODUCT 函数功能：在给定的几组数组中，将数组间对应的元素相乘，并返回乘积之和。

语法格式：SUMPRODUCT(array1, [array2], [array3], ...)

参数说明：array1 为必选参数，其元素是需要进行相乘并求和的第一个数组；[array2]、[array3]……为可选参数，为 2～255 个数组参数，其相应元素需要进行相乘并求和。此处需要注意，数组参数必须具有相同的维数，否则，函数 SUMPRODUCT 将返回错误值 #VALUE!。

6）IF 函数的功能：IF 函数是条件判断函数，如果指定条件的计算结果为 TRUE，IF 函数将返回某个值；如果该条件的计算结果为 FALSE，则返回另一个值。

语法格式：IF(logical_test,value_if_true,value_if_false)

参数说明：logical_test 表示计算结果为 TRUE 或 FALSE 的任意值或表达式；value_if_true 表示 logical_test 为 TRUE 时返回的值；value_if_false 表示 logical_test 为 FALSE 时返回的值。

了解了所需要的函数，就可以利用这些函数进行身份证号的校对了。

操作思路如下。

1）利用 COLUMN 函数获得当前单元格所在列序号所对应的值，通过减 3 使其与身份证号的每一位相对应，使这个对应位置的值作为 MID 函数的截取起始位置的参数，从而得到分离的身份证号。

2）身份证号被分离出来之后，使用 SUMPRODUCT 函数使之与“校对参数”表中的校对系数相乘并得到乘积之和，利用 MOD 函数将 SUMPRODUCT 函数的结果除以 11 取余数，利用 VLOOKUP 函数在“校对参数”表中查找 MOD 函数的结果所对应的检验码，并用 TEXT 函数进行格式限定。

3）将得到的校验码与身份证号的第 18 位进行比对，利用 IF 函数判断校验结果是否正确。

具体操作步骤如下。

1）打开素材中的 WPS 表格文件“员工社保统计表.et”，切换到“身份证校对”表。

2）选择单元格 D3，在其中输入公式“=MID($C3,COLUMN(D2)-3,1)”，输入完成后，按〈Enter〉键，即可在单元格 D3 中显示出员工编号为“AF001”的身份证号的第 1 位数字。再次选择单元格 D3，向右拖动填充句柄填充到单元格 U3，然后双击单元格 U3 的填充句柄向下自动填充到 U28 单元格。效果如图 7-2 所示。

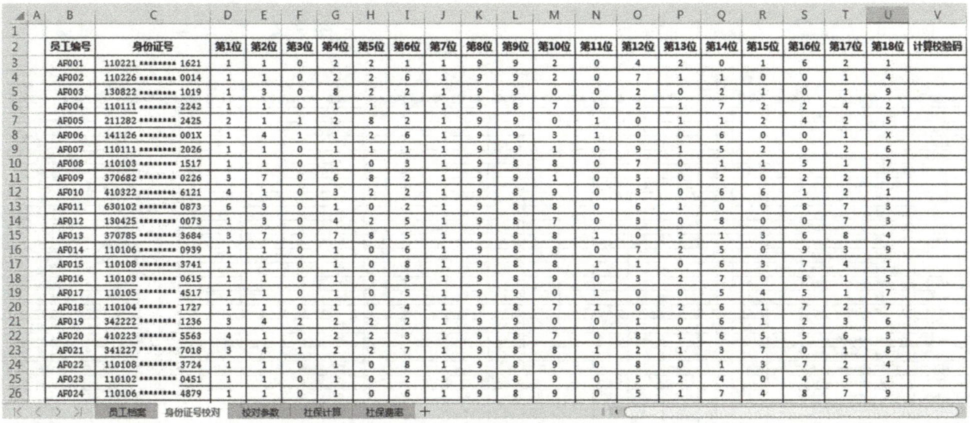

员工编号	身份证号	第1位	第2位	第3位	第4位	第5位	第6位	第7位	第8位	第9位	第10位	第11位	第12位	第13位	第14位	第15位	第16位	第17位	第18位	计算校验码
AF001	110221 ******** 1621	1	1	0	2	2	1	1	9	9	2	0	4	2	0	1	6	2	1	
AF002	110226 ******** 0014	1	1	0	2	2	6	1	9	9	2	0	7	1	1	0	0	1	4	
AF003	130822 ******** 1019	1	3	0	8	2	2	1	9	9	0	0	2	0	2	1	0	1	9	
AF004	110111 ******** 2242	1	1	0	1	1	1	1	9	8	7	0	2	1	7	2	2	4	2	
AF005	211282 ******** 2425	2	1	1	2	8	2	1	9	9	0	1	0	1	1	2	4	2	5	
AF006	141126 ******** 001X	1	4	1	1	2	6	1	9	9	3	1	0	0	6	0	0	1	X	
AF007	110111 ******** 2026	1	1	0	1	1	1	1	9	9	1	0	9	1	5	2	0	2	6	
AF008	110103 ******** 1517	1	1	0	1	0	3	1	9	8	8	0	7	0	1	1	5	1	7	
AF009	370682 ******** 0226	3	7	0	6	8	2	1	9	9	1	0	3	0	2	0	2	2	6	
AF010	410322 ******** 6121	4	1	0	3	2	2	1	9	8	9	0	3	0	6	6	1	2	1	
AF011	630102 ******** 0873	6	3	0	1	0	2	1	9	8	8	0	6	1	0	0	8	7	3	
AF012	130425 ******** 0073	1	3	0	4	2	5	1	9	8	7	0	3	0	8	0	0	7	3	
AF013	370785 ******** 3684	3	7	0	7	8	5	1	9	8	8	1	0	2	1	3	6	8	4	
AF014	110106 ******** 0939	1	1	0	1	0	6	1	9	8	8	0	7	2	5	0	9	3	9	
AF015	110108 ******** 3741	1	1	0	1	0	8	1	9	8	8	1	1	0	6	3	7	4	1	
AF016	110103 ******** 0615	1	1	0	1	0	3	1	9	8	9	0	3	2	7	0	6	1	5	
AF017	110105 ******** 4517	1	1	0	1	0	5	1	9	9	0	1	0	0	5	4	5	1	7	
AF018	110104 ******** 1727	1	1	0	1	0	4	1	9	8	7	1	0	2	6	1	7	2	7	
AF019	342222 ******** 1236	3	4	2	2	2	2	1	9	9	0	0	1	0	6	1	2	3	6	
AF020	410223 ******** 5563	4	1	0	2	2	3	1	9	8	7	0	8	1	6	5	5	6	3	
AF021	341227 ******** 7018	3	4	1	2	2	7	1	9	8	8	1	2	1	3	7	0	1	8	
AF022	110108 ******** 3724	1	1	0	1	0	8	1	9	8	9	0	8	0	1	3	7	2	4	
AF023	110102 ******** 0451	1	1	0	1	0	2	1	9	8	9	0	5	2	4	0	4	5	1	
AF024	110106 ******** 4879	1	1	0	1	0	6	1	9	8	9	0	5	1	7	4	8	7	9	

图 7-2　身份证号分离后的效果（部分）

3）选择单元格 V3，在其中输入公式“=TEXT(VLOOKUP(MOD(SUMPRODUCT(D3:T3*校对参数!$E$5:$U$5),11),校对参数!$B$5:$C$15,2,0),"@")”，按〈Enter〉键结束输入，利用填充句

柄填充到 V28 单元格。

4）选择单元格 W3，并在其中输入公式"=IF(U3=V3,"正确","错误")"，按〈Enter〉键结束输入，利用填充句柄填充到 W28 单元格。

5）为了突出显示"错误"的校验结果，可以利用条件格式设置其字体颜色。使单元格区域 W3:W28 处于选中的状态，切换到"开始"选项卡，单击"条件格式"按钮，在下拉列表中选择"新建规则"选项，打开"新建格式规则"对话框，在"选择规则类型"列表框中选择"使用公式确定要设置格式的单元格"选项，在"只为满足以下条件的单元格设置格式"参数框框中输入公式"=IF($W3="错误",TRUE,FALSE)"，如图 7-3 所示。单击"格式"按钮，打开"单元格格式"对话框，在"字体"选项卡中设置"字体颜色"为"标准色"中的"红色"，在"字形"列表框中选择"加粗 倾斜"选项，如图 7-4 所示。单击"确定"按钮，返回"新建格式规则"对话框，再次单击"确定"按钮，返回文档中，完成条件格式设置。效果如图 7-5 所示。

图 7-3 "新建格式规则"对话框

图 7-4 "单元格格式"对话框

图 7-5 校对身份证号后的效果图（部分）

7.2.2 完善员工档案信息

员工的身份证号中包含了员工的性别、出生日期等信息，所以在员工档案表中录入正确的身份证号很重要。完成身份证号校对后，对于正确的号码，直接将其录入到员工档案表即可；对于错误的身份证号，假设所有错误都是由于最后一位检验码输错导致的，

可以将错误号码的前 17 位与正确的验证码连接，即可得到正确的身份证号。此处需要使用 IF、VLOOKUP、MID 函数的嵌套。通过 VLOOKUP 函数在"身份证校对"表中查找"员工档案"表员工编号相对应的检验结果，如果是"正确"，则直接将其所对应的身份证号导入到"员工档案"的"身份证号"列中；如果是"错误"，利用 MID 函数截取其身份证号的前 17 位之后连接正确的检验码，将此结果导入到"员工档案"的"身份证号"列中。

具体操作步骤如下。

1）切换到"员工档案表"，选择单元格区域 C3:C28，切换到"开始"选项卡，单击"数字格式"下拉按钮，从下拉列表中选择"常规"选项，如图 7-6 所示。完成选中区域的格式设置。

2）选择单元格 C3，在其中输入公式"=IF(VLOOKUP(A3,身份证校对!$B$3:$W$28,22,0)="错误",MID(VLOOKUP(A3,身份证校对!$B$3:$W$28,2,0),1, 17)&VLOOKUP(A3,身份证校对!$B$3:$W$28,21,0), VLOOKUP(A3,身份证校对!$B$3:$W$28,2,0))"，输入完成后，按〈Enter〉键完成身份证号的输入。

3）利用填充句柄填充公式到 C28 单元格。完成员工身份证号的导入。

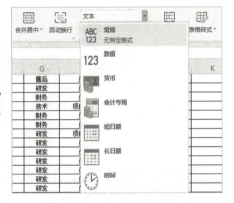

图 7-6 设置数字格式

在 18 位的身份证号中，第 17 位是表示性别的数字，奇数代表男性，偶数代表女性，可以利用 MID 函数将第 17 位数字提取出来，然后利用 MOD 函数取第 17 位数字除以 2 的余数，如果余数为 0，则第 17 位是偶数，也就是说，该员工的性别是女性，反之，则说明该员工的性别为男性。具体操作步骤如下。

1）选择单元格 D3，并在其中输入公式"=IF(MOD(MID(C3,17,1),2),"男","女")"，输入完成后，按〈Enter〉键即可在 D3 单元格中显示出性别。

2）再次选择单元格 D3，利用填充句柄填充到 D28 单元格，完成性别列的填充。

在 18 位的身份证号中，第 7~14 位是出生日期，可以利用 MID 函数提取代表年、月、日的数字，然后利用 DATE 函数进行格式转换。

DATE 函数功能：返回代表特定日期的序列号。

语法格式：DATE(year,month,day)

参数说明：year 是代表年份的 4 位数字；month 是代表月份的工位数字，day 是代表在该月份中第几天的 2 位数字。

了解了所需要的函数，具体操作步骤如下。

1）选择单元格 E3，并在其中输入公式"=DATE(MID(C3,7,4),MID(C3,11,2),MID(C3,13,2))"，输入完成后，按〈Enter〉键即可在 E3 单元格中显示出获取的出生日期。

2)再次选择单元格 E3,利用填充句柄填充到 E28 单元格,完成出生日期列的数据计算。

统计了员工的出生日期以后,计算每位员工截至 2022 年 12 月 31 日的年龄,每满一年计算一岁,一年按 365 天计算。可以利用 DATE 函数将 2022 年 12 月 31 日转换成日期型数据,使其与出生日期做减法,得到的结果除以 365,再用 INT 函数取整。

INT 函数功能:将数值向下取整为最接近的整数。

语法格式:INT(number)

参数说明:number 是需要进行向下取整的实数。

了解了所需要的函数,具体操作步骤如下。

1)选择单元格 F3,并在其中输入公式"=INT((DATE(2022,12,31)-E3)/365)",输入完成后,按〈Enter〉键即可在 F3 单元格中显示出第一位员工的年龄。

2)向下拖动填充句柄填充至 F28 单元格。效果如图 7-7 所示。

图 7-7 统计性别、出生日期、年龄后的效果图(部分)

7.2.3 计算员工工资总额

员工的工资总额由签约工资、工龄工资、上年月均奖金三部分组成。员工的工龄工资由员工在本公司工龄乘以 50 得到,员工的工龄以员工入职时间计算,不足半年按半年计,超过半年按一年计,一年按 365 天计算,计算结果需要保留一位小数。可以利用 DATE 函数将 2022 年 12 月 31 日转换成日期型数据,使其与入职时间做减法,得到的结果除以 365,再用 CEILING 函数四舍五入。

7-3
计算员工工资总额

CEILING 函数功能:将参数 number 向上舍入(沿绝对值增大的方向)为最接近的 significance 的倍数。

语法格式:CEILING(number, significance)

参数说明:number 为必需参数,表示要舍入的值。Significance 为必需参数,表示要舍入到的倍数。

了解了所需要的函数,具体操作步骤如下。

1)选中 K3 单元格,并在其中输入公式"=CEILING((DATE(2022,12,31)-J3)/365,0.5)",输入完成后,按〈Enter〉键即可在 K3 单元格中显示出第一位员工的工龄。

2)利用填充句柄填充至单元格 K28,计算出所有员工的工龄。

3)选择单元格 M3,并在其中输入公式"=K3*50",按〈Enter〉键确认输入,并利用填充句柄填充到 M28 单元格。

4)选择单元格 O3,并在其中输入公式"=SUM(L3:N3)",按〈Enter〉键确认输入,并利用填充句柄填充到 O28 单元格。效果如图 7-8 所示。

案例 7　创业学生社保情况统计

图 7-8　完成"工资总额"计算后的效果图（部分）

7.2.4　计算员工社保

本市上年职工平均月工资为 7086 元，社保基数最低为人均月工资 7086 元的 60%，最高为人均月工资 7086 元的 3 倍。当工资总额小于最低基数时，社保基数为最低基数；当工资总额大于最高基数时，社保基数为最高基数；当工资总额在最低基数与最高基数之间时，社保基数为工资总额。利用 IF 函数即可实现，具体操作步骤如下。

7-4 计算员工社保

1）切换到"员工档案"工作表，使用〈Ctrl〉键，选择"员工编号""姓名""工资总额"三列数据（注意选择时不包含列标题），按〈Ctrl+C〉快捷键进行复制。

2）切换到"社保计算"工作表，选择单元格 B4，右击鼠标，从弹出的快捷菜单中选择"粘贴为数值"命令，如图 7-9 所示。

3）选择单元格 E4，并在其中输入公式"=IF(D4<7086*60%, 7086*60%,IF(D4>7086*3,7086*3,D4))"。按〈Enter〉键确认输入，利用填充句柄填充到单元格 E29。

4）由于每位员工每个险种的应缴社保费等于个人的社保基数乘以相应的险种费率，因此选择单元格 F4，并在其中输入公式"=E4*社保费率!$B$4"，按〈Enter〉键确认输入，利用填充句柄填充到单元格 F29。

5）选择单元格 G4，并在其中输入公式"=E4*社保费率!$C$4"，按〈Enter〉键确认输入，利用填充句柄填充到单元格 G29。

图 7-9　"粘贴为数值"命令

6）选择单元格 H4，并在其中输入公式"=E4*社保费率!$B$5"，按〈Enter〉键确认输入，利用填充句柄填充到单元格 H29。

7）选择单元格 I4，并在其中输入公式"=E4*社保费率!$C$5"，按〈Enter〉键确认输入，利用填充句柄填充到单元格 I29。

8）选择单元格 J4，并在其中输入公式"=E4*社保费率!$B$6"，按〈Enter〉键确认输入，利用填充句柄填充到单元格 J29。

9）选择单元格 K4，并在其中输入公式"=E4*社保费率!$C$6"，按〈Enter〉键确认输入，利用填充句柄填充到单元格 K29。

10）选择单元格 L4，并在其中输入公式"=E4*社保费率!$B$7"，按〈Enter〉键确认输入，利用填充句柄填充到单元格 L29。

11）选择单元格 M4，并在其中输入公式"=E4*社保费率!$C$7"，按〈Enter〉键确认输入，利用填充句柄填充到单元格 M29。

12）选择单元格 N4，并在其中输入公式"=E4*社保费率!$B$8"，按〈Enter〉键确认输入，利用填充句柄填充到单元格 N29。

13）由于医疗个人负担中还有个人额外费用一项，因此在单元格 O4 中输入公式"=E4*社保费率!$C$8+社保费率!$D$8"，按〈Enter〉键确认输入，利用填充句柄填充到单元格 O29。

14）选中表格中所有的金额数据，即单元格区域 D4:O29，打开"单元格格式"对话框，在"数字"选项卡的"分类"列表框中选择"货币"选项，设置"小数位数"为"2"，设置"货币符号"为"¥"，如图 7-10 所示。单击"确定"按钮，完成所选区域的单元格格式设置。

15）单击"保存"按钮，保存工作簿文件，完成本案例统计表的制作。

图 7-10　设置"货币"格式

7.3 案例小结

本案例通过对员工社保情况的统计分析讲解了 WPS 表格中公式和函数的使用、单元格的引用、函数嵌套使用等内容。在实际操作中读者还需要注意以下问题。

1）公式是在工作表中对数据进行分析与计算的等式，有助于分析工作表中的数据。使用公式可以对工作表中的数值进行加、减、乘、除等运算。公式中可以包括以下元素：运算符、单元格引用位置、数值、工作表函数以及名称。在 WPS 表格中，以西文等号"="开头的数据被系统判定为公式。公式是对工作表中数据进行运算的表达式，公式中可以包含单元格地址、数值常量、函数等，它们由运算符连接而成。在输入公式时，可以使用鼠标直接选中参与计算的单元格，从而提高输入公式的效率；如要删除公式中的某些项，可以在编辑栏中用鼠标选中要删除的部分，然后按〈Delete〉键；如果要替换公式中的某些部分，则先用鼠标选中被替换的部分，然后进行修改。

2）WPS 表格中插入函数公式，除了使用直接输入的方法外，还可以通过"插入函数"对话框实现。操作步骤如下。

切换到"公式"选项卡，单击"插入函数"按钮，如图 7-11 所示。打开"插入函数"对话框。在"全部函数"选项卡中列出了一些常见的函数，也可以在 "或选择类别"下拉列表中选择相应的函数，如图 7-12 所示。在"常用公式"选项卡中，提供了"个人年终奖所得税（2019-01-01 之后）""计算个人所得税（2019-01-01 之后）""计算个人所得税（2019-01-01 之前）""提取身份证生日""提取身份证性别"等常用公式，如图 7-13 所示，可以简化公式操作，轻松完成复杂计算。

图 7-11 "插入函数"按钮

图 7-12 "全部函数"选项卡

图 7-13 "常用公式"选项卡

3）常见函数举例。

- VLOOKUP：一般格式是 VLOOKUP(要查找的值,查找区域,数值所在行,[匹配方式])，功能是按列查找，最终返回该列所需查询列序号所对应的值。其中，匹配方式是一个逻辑值，如果为 TRUE 或 1，函数将查找近似匹配值，如果为 FALSE 或 0，则返回精确匹配值。
- HLOOKUP：一般格式是 HLOOKUP(要查找的值,查找区域,数值所在列,[匹配方式])，功能是按行查找，最终返回该行所需查询行序号所对应的值。其中匹配方式是一个逻辑值，如果为 TRUE 或 1，函数将查找近似匹配值，如果为 FALSE 或 0，则返回精确匹配值。
- LEFT：一般格式是 LEFT(字符串,截取长度)，功能是用于从字符串的开始返回指定长度的子串。
- RIGHT：一般格式是 RIGHT(字符串,截取长度)，功能是用于从字符串的尾部返回指定长度的子串。
- MID：一般格式是 MID(字符串,起始位置,截取长度)，功能是用于从字符串的指定位置返回指定长度的子串。

- LEN：一般格式是 LEN(字符串)，功能是统计字符串中的字符个数。
- TODAY：一般格式是 TODAY()，功能是显示当前的日期。该函数没有参数。
- NOW：一般格式是 NOW()，功能是返回当前的日期和时间。该函数没有参数。
- YEAR：一般格式是 YEAR(日期值)，功能是返回某日期对应的年份。
- MONTH：一般格式是 MONTH(日期值)，功能是返回某日期对应的月份。
- DAY：一般格式是 DAY(日期值)，功能是返回某日期对应月份的天数。
- WEEKDAY：一般格式是 WEEKDAY(日期值,返回值类型)，功能是返回某日为星期几。日期值为必需的参数，代表指定的日期或引用含有日期的单元格；返回值类型为可选参数，其值为 1 或省略时，返回数字 1（星期日）到数字 7（星期六）；其值为 2 时，返回数字 1（星期一）到数字 7（星期日）；其值为 3 时，返回数字 0（星期一）到数字 6（星期日）。

7.4 经验技巧

7.4.1 数据核对

在日常工作中经常会遇到对两个表中的数据进行核对，来找出两个表格中数据的差异的情况，利用"标记重复数据"的方法，可以快速实现。具体操作步骤如下。

1）打开素材文件夹中的 WPS 表格文件"数据核对.et"，切换到"数据"选项卡，单击"数据对比"按钮，在其下拉列表中选择"标记重复数据"选项，如图 7-14 所示。打开"标记两区域中重复数据"对话框。

2）在对话框中设置"区域 1"和"区域 2"的单元格区域，并设置"标记颜色"，如图 7-15 所示。单击"确认标记"按钮，即可实现重复项的标记。

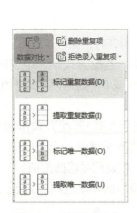

图 7-14 "数据对比"下拉列表

图 7-15 "标记两区域中重复数据"对话框

7.4.2 使用公式求值分步检查

当对公式计算结果产生怀疑,想查看指定单元格中公式的计算过程与结果时,可利用 WPS 表格的公式求值功能。使用该功能可大大提高检查错误公式的效率。以本案例中的"员工档案"工作表为例,可进行如下操作。

1)打开"员工社保统计表"工作簿,选择"员工档案"工作表,选择单元格 E3。

2)切换到"公式"选项卡,单击"公式求值"按钮,如图 7-16 所示。打开"公式求值"对话框,如图 7-17 所示。

图 7-16 "公式求值"按钮

3)单击"求值"按钮,可看到"MID(C3,7,4)"的值,如图 7-18 所示。

图 7-17 "公式求值"对话框

图 7-18 MID 函数求值结果

4)继续单击"求值"按钮,最后可在界面中看到公式的计算结果,如图 7-19 所示。单击"重新启动"按钮,可重新进行分步计算。最后单击"关闭"按钮,关闭对话框返回文档中,完成公式的检查。

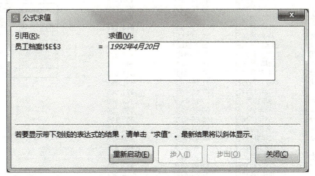

图 7-19 公式的计算结果

7.4.3 识别函数或公式中的常见错误

在表格中输入公式或函数后,其运算结果有时会显示为错误的值。要纠正这些错误值,必须先了解出现错误的原因。常见的错误值有以下几种。

- ####错误：出现该错误值的常见原因是单元格列宽不够，无法完全显示单元格中的内容或单元格中包含负的日期时间值。解决方法是调整单元格列宽或应用正确的数字格式，保证日期与时间公式的准确性。
- #VALUE!错误：当使用的参数或操作数值类型错误，以及公式自动更正功能无法更正公式时都会出现该错误值。解决方法是确认公式或函数所需的运算符和参数是否正确，并查看公式引用的单元格中是否为有效数值。
- #NULL!错误：当指定两个不相交的区域的交集时，将出现该错误值。产生错误值的原因是使用了不正确的区域运算符，交集运算符是分隔公式中引用的空格字符。解决方法是检查在引用连续单元格时，是否用英文冒号分隔引用的单元格区域中的第一个单元格和最后一个单元格，如未分隔或引用不相交的两个区域，则一定使用联合运算符（逗号“,”）将其分隔开来。
- #N/A错误：此错误通常表示公式找不到要求查找的内容。出现的原因有搜索区域中没有搜索值、数据类型不匹配、数据源引用错误、引用了返回值为#N/A的函数或公式。
- #REF!错误：当单元格引用无效时会产生该错误值，出错原因是删除了其他公式所引用的单元格，或将已移动的单元格粘贴到其他公式所引用的单元格中。解决方法是更改公式，或在删除和粘贴单元格后恢复工作表中的单元格。

7.5 拓展练习

王睿是某家居产品销售电商的管理人员，他于 2022 年初随机抽取了 100 名注册会员，准备使用 WPS 表格分析他们上一年度的消费情况（效果如图 7-20 和图 7-21 所示），请根据素材文件夹中的“2022 年度百名会员消费情况统计.et”进行操作。具体要求如下。

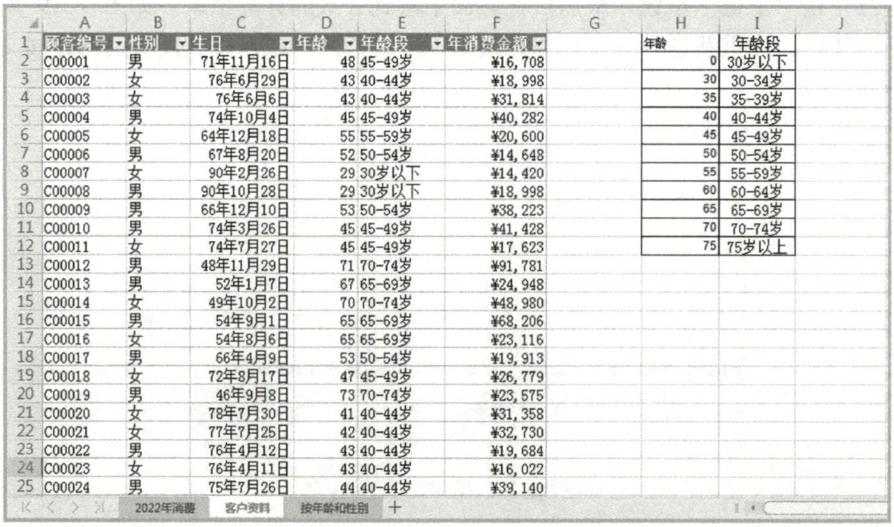

	A	B	C	D	E	F	G	H	I
1	顾客编号	性别	生日	年龄	年龄段	年消费金额		年龄	年龄段
2	C00001	男	71年11月16日	48	45-49岁	¥16,708		0	30岁以下
3	C00002	女	76年6月29日	43	40-44岁	¥18,998		30	30-34岁
4	C00003	女	76年6月6日	43	40-44岁	¥31,814		35	35-39岁
5	C00004	男	74年10月4日	45	45-49岁	¥40,282		40	40-44岁
6	C00005	女	64年12月18日	55	55-59岁	¥20,600		45	45-49岁
7	C00006	男	67年8月20日	52	50-54岁	¥14,648		50	50-54岁
8	C00007	女	90年2月26日	29	30岁以下	¥14,420		55	55-59岁
9	C00008	男	90年10月28日	29	30岁以下	¥18,998		60	60-64岁
10	C00009	男	66年12月10日	53	50-54岁	¥38,223		65	65-69岁
11	C00010	男	74年3月26日	45	45-49岁	¥41,428		70	70-74岁
12	C00011	女	74年7月27日	45	45-49岁	¥17,623		75	75岁以上
13	C00012	男	48年11月29日	71	70-74岁	¥91,781			
14	C00013	男	52年1月7日	67	65-69岁	¥24,948			
15	C00014	女	49年10月2日	70	70-74岁	¥48,980			
16	C00015	男	54年9月1日	65	65-69岁	¥68,206			
17	C00016	女	54年8月6日	65	65-69岁	¥23,116			
18	C00017	男	66年4月9日	53	50-54岁	¥19,913			
19	C00018	女	72年8月17日	47	45-49岁	¥26,779			
20	C00019	男	46年9月8日	73	70-74岁	¥23,575			
21	C00020	女	78年7月30日	41	40-44岁	¥31,358			
22	C00021	女	77年7月25日	42	40-44岁	¥32,730			
23	C00022	男	76年4月12日	43	40-44岁	¥19,684			
24	C00023	女	76年4月11日	43	40-44岁	¥16,022			
25	C00024	男	75年7月26日	44	40-44岁	¥39,140			

2022年消费 | 客户资料 | 按年龄和性别

图 7-20 “客户资料”表效果图

1）将“客户资料”工作表中的数据区域 A1:F101 转换为表，将表的名称修改为“客户资料”，并取消隔行的底纹效果。

	A	B	C	D	E
1	年龄段	男顾客人数	女顾客人数	顾客总人数	
2	30岁以下	2	1	3	
3	30-34岁	1	4	5	
4	35-39岁	1	0	1	
5	40-44岁	8	9	17	
6	45-49岁	14	10	24	
7	50-54岁	15	2	17	
8	55-59岁	11	6	17	
9	60-64岁	4	1	5	
10	65-69岁	4	1	5	
11	70-74岁	3	2	5	
12	75岁以上	0	1	1	
13	合计	63	37	100	

图 7-21 按年龄和性别统计后的效果图

2）将"客户资料"工作表 B 列中所有的"M"替换为"男"，所有的"F"替换为"女"。

3）修改"客户资料"工作表 C 列中的日期格式，要求格式如"80 年 5 月 9 日"（年份只显示后两位）。

4）在"客户资料"工作表 D 列中，计算每位顾客到 2023 年 1 月 1 日止的年龄，规则为每到下一个生日，计 1 岁。

5）在"客户资料"工作表 E 列中，计算每位顾客到 2023 年 1 月 1 日止所处的年龄段，年龄段的划分标准位于"按年龄和性别"工作表的 A 列中。

6）在"客户资料"工作表 F 列中，计算每位顾客 2022 年全年消费金额，各季度的消费情况位于"2022 年消费"工作表中，将 F 列的计算结果修改为货币格式，保留 0 位小数。

7）在"按年龄和性别"工作表中，根据"客户资料"工作表中已完成的数据，在 B 列、C 列和 D 列中分别计算各年龄段男顾客人数、女顾客人数、顾客总人数，并在表格底部进行求和汇总。

案例 8　制作特色农产品销售图表

8.1　案例简介

8.1.1　案例需求与效果展示

王芳是陕西省榆林市的一名大学生村干部,为了帮助乡亲们脱贫致富,她在网上开了一家专门销售本地特色农产品的小店来帮村民拓宽销售渠道。第一季度销售结束后,她将数据进行整理,为了让乡亲们直观地看到销售效果,现需要制作一张销售图表来进行展示,效果如图 8-1 所示。

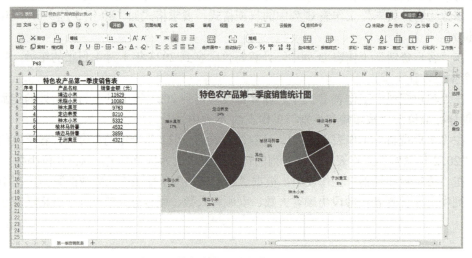

图 8-1　特色农产品销售统计图表效果图

8.1.2　案例目标

知识目标:
- 了解图表的分类。
- 了解图表的作用。

技能目标:
- 掌握图表的创建。
- 掌握图表元素的添加与格式设置。
- 掌握图表的美化。

素养目标:
- 提升数据分析与表达能力。
- 提升发现问题、分析问题、解决问题的能力。

8.2 案例实现

8.2.1 创建图表

图表可以将复杂数据以直观、形象的形式呈现出来，可以使人清楚地看到数据变化的规律，在实际生活以及生产过程中具有广泛的应用。

8-1 创建图表

本案例中，要统计农产品所占的销售比重，可以用 WPS 图表中的"复合饼图"实现。具体操作步骤如下。

1）打开素材中的工作簿文件"特色农产品销售统计表.et"，切换到"第一季度销售表"工作表。

2）选中单元格区域 B2:C10。

3）切换到"插入"选项卡，单击"插入饼图或圆环图"下拉按钮，如图 8-2 所示。从下拉列表中选择"复合饼图"选项，如图 8-3 所示。

图 8-2 "插入饼图或圆环图"下拉按钮

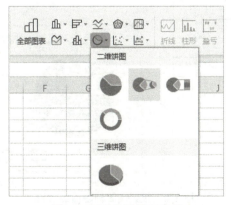

图 8-3 "复合饼图"选项

4）工作表中即插入了一个复合饼图，如图8-4所示。

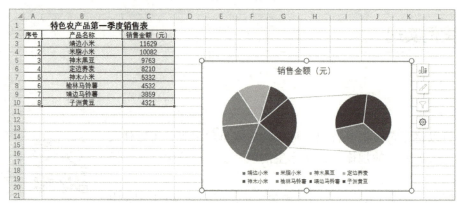

图 8-4　插入"复合饼图"效果

8.2.2　图表元素的添加与格式设置

一个专业的图表是由多个不同的图表元素组合而成的。用户在实际操作中经常需要对图表的各元素进行格式设置。

（1）设置图表标题

图表标题是图表的一个重要组成部分，通过图表标题，用户可以快速了解图表内容的作用。具体操作步骤如下：

1）单击"图表标题"，修改其文字为"特色农产品第一季度销售统计图"。

2）再次单击"图表标题"，切换到"开始"选项卡，设置图表标题文本的字体为"微软雅黑"，字号为"18"，加粗，如图8-5所示。

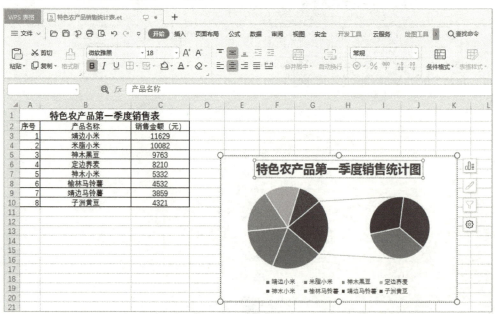

图 8-5　设置图表标题后的效果

3）右击"图表标题"，从弹出的快捷菜单中选择"设置图表标题格式"命令，如图 8-6

所示。打开"属性"窗格。

4）在"填充与线条"选项卡中单击"填充"下方的"图案填充"单选按钮，在"图案"列表框中选择"20%"选项，如图 8-7 所示。

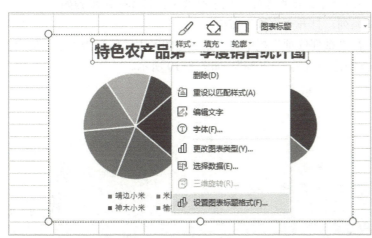

图 8-6 "设置图表标题格式"命令

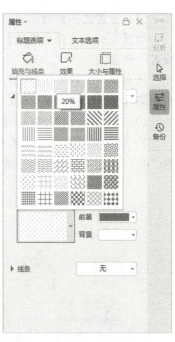

图 8-7 设置"图案填充"

5）单击"属性"窗格的"关闭"按钮，返回到工作表中，即可完成图表标题的格式设置，如图 8-8 所示。

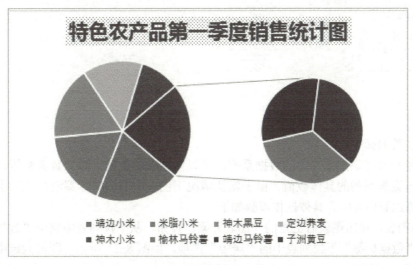

图 8-8 图案填充设置完成后效果图

（2）取消图例

图例是图表的一个重要元素，它的存在保证了用户可以快速、准确地识别图表，用户不仅可以调整图例的位置，还可以对图例的格式进行修改。

本案例中为了突出各农产品所占的比重，在饼图中通过"数据标签"显示各部分内容，因此可以将图例取消。具体操作步骤如下。

选中图表，切换到"图表工具"选项卡，单击"添加元素"按钮，从下拉列表中选择"图例"→"无"选项，如图 8-9 所示，即可快速取消图例。

（3）设置数据系列

数据系列由数据点组成，每个数据点对应数据区域的单元格中的数据，数据系列对应一行或者一列数据。

从本案例的效果图可以看出，复合饼图的第二绘图区中包含 4 个值，WPS 默认创建的复合饼图第二绘图区包含 3 个值，需要进行相关设置才能实现案例效果。具体操作步骤如下。

1）双击复合饼图的任一数据系列，打开"属性"窗格。

2）切换到"系列"选项卡，在"系列选项"栏中将"第二绘图区中的值"微调框的值设置为"4"，设置"分类间距"微调框的值设置为"120%"，如图 8-10 所示。

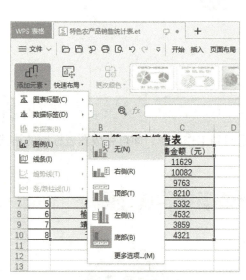

图 8-9　取消图例

图 8-10　"系列"选项卡

（4）添加数据标签

为了使用户快速识别图表中的数据系列，可以向图表的数据点添加数据标签，使用户更加清楚地了解该数据系列的具体数值。由于默认情况下图表中的数据标签没有显示出来，需要用户手动将其添加到图表中。具体操作步骤如下。

1）选择图表，单击图表右上角的"图表元素"按钮，从下拉列表中选中"数据标签"复选框，并选择"数据标签"下拉列表中的"居中"选项，如图 8-11 所示。即可为选中的数据系列添加数据标签。

2）双击图表中的任一数据标签，打开"属性"窗格。

3）切换到"标签选项"选项卡，单击"标签"按钮，在"标签选项"栏中选择"类别名称"和"百分比"复选框，保持"显示引导线"复选框的选中，取消"值"复选框的选中；在"标签位置"栏中选择"数据标签外"单选按钮，如图 8-12 所示。

案例 8　制作特色农产品销售图表

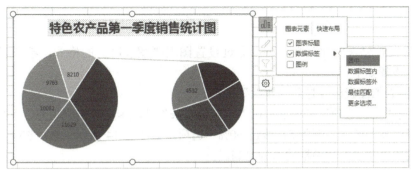

图 8-11　"数据标签"选项

图 8-12　设置"标签选项"

4）移动图表到单元格区域 E2:L21 中，将鼠标移到图表右下角，当鼠标指针变成左上右下的双向箭头时，按住鼠标左键调整图表的大小，使其铺满 E2:L21 单元格区域。

5）在拖动数据标签的过程中，随着数据标签与数据系列距离的增大，在数据标签与数据系列之间会出现引导线，根据效果图调整数据标签与数据系列之间的距离，同时适当调整数据标签的宽度，如图 8-13 所示。

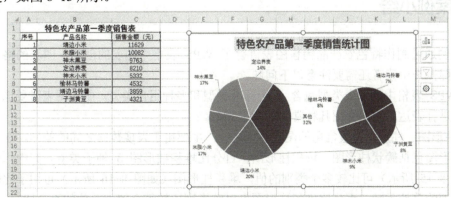

图 8-13　调整数据标签位置后的效果

8.2.3 图表的美化

为了让图表看起来更加美观，可以通过设置图表"图表区"的格式，给图表添加背景颜色。具体操作步骤如下。

1）双击图表的图表区，打开"属性"窗格。

2）切换到"图表选项"选项卡，在"填充与线条"选项卡中单击"填充"下拉按钮，从下拉列表中选择"亮天蓝色，着色5，浅色60%"选项，如图8-14所示。之后选择"渐变填充"单选按钮，调整"角度"微调框的值为"240"。

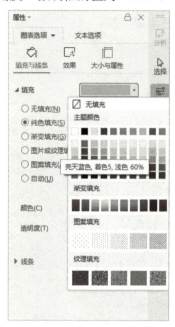

8-3 图表美化

图8-14 设置填充颜色

3）设置完成后单击"属性"窗格右上角的"关闭"按钮，返回工作表，完成图表区的格式设置，如图8-1所示。

4）保存工作簿文件，完成本案例销售图表的制作。

8.3 案例小结

本案例通过制作特色农产品销售图表讲解了 WPS 表格中图表的创建、图表的格式化等操作。在实际操作中读者还需要注意以下问题。

1）WPS 表格中的图表类型包含 8 个标准类型和多种组合类型，制作图表时要选择适当的图表类型进行表达。下面介绍几种常用的图表类型。

① 柱形图。柱形图是最常用的图表类型之一，主要用于表现数据之间的差异。在 WPS 表格中，柱形图包括簇状柱形图、堆积柱形图、百分比堆积柱形图 3 种子类型。其中，簇状柱形图（如图 8-15 所示）可比较多个类别的值，堆积柱形图（如图 8-16 所示）可用于比较每个值对所有类别的总计贡献，百分比堆积柱形图可以跨类别比较每个值占总体的百分比。

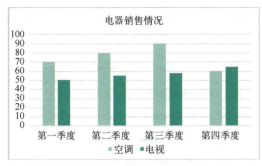

图 8-15 簇状柱形图

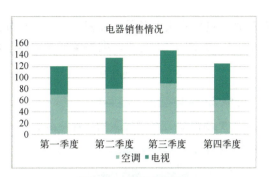

图 8-16 堆积柱形图

② 折线图。折线图是最常用的图表类型之一，主要用于表现数据变化的趋势。在 WPS 表格中，折线图的子类型有 6 种，包括折线图、堆积折线图、百分比堆积折线图、带数据标记的折线图、带数据标记的堆积折线图、带数据标记的百分比堆积折线图。其中折线图（如图 8-17 所示）可以显示随时间而变化的连续数据，因此非常适合用于显示在相等时间间隔下的数据变化趋势。堆积折线图（如图 8-18 所示）。不但能看出每个系列的值，还可将同一时期的合计值体现出来。

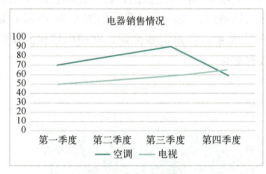

图 8-17 折线图

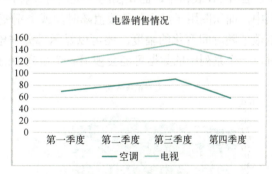

图 8-18 堆积折线图

③ 饼图。饼图（如图 8-19 所示）是最常用的图表类型之一，主要用于强调总体与个体之间的关系，通常只用一个数据系列作为数据源，饼图将一个圆划分为若干个扇形，每一个扇形代表数据系列中的一项数据值，其大小用于表示相应数据项占该数据系列总和的比值。在 WPS 中，饼图的子类型有 5 种，包括饼图、三维饼图、复合饼图、复合条饼图、圆环图。其中圆环图（如图 8-20 所示）可以含有多个数据系列，每一个环都代表一个数据系列。

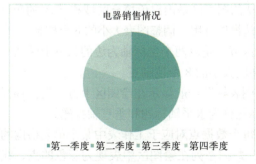

图 8-19 饼图

图 8-20 圆环图

④ 条形图。将柱形图旋转 90° 则为条形图。条形图显示了各个项目之间的比较情况，当图表的轴标签过长或显示的数值是持续型时，一般使用条形图。在 WPS 表格中，条形图的子类型

有 3 种，包括簇状条形图、堆积条形图、百分比堆积条形图。其中簇状条形图可用于比较多个类别的值，如图 8-21 所示。堆积条形图可用于显示单个项目与总体的关系，如图 8-22 所示。

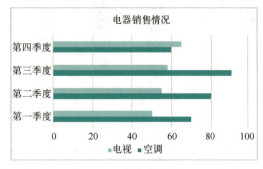

图 8-21　簇状条形图

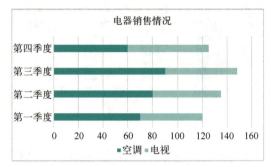

图 8-22　堆积条形图

⑤ 面积图。面积图（如图 8-23 所示）用于显示不同数据系列之间的对比关系，显示各数据系列与整体的比例关系，强调数量随时间而变化的程度，能直观地表现出整体和部分的关系。在 WPS 表格中，面积图的子类型有 3 种，包括面积图、堆积面积图、百分比堆积面积图。其中，面积图用于显示各种数值随时间或类别变化的趋势线。堆积面积图（如图 8-24 所示）显示数值随时间变化的幅度，还可以显示部分与整体的关系。但是需要注意，在使用堆积面积图时，一个系列中的数据可能会被另一个系列中的数据遮住。

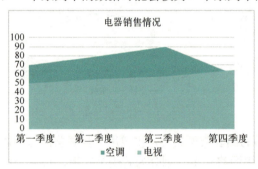

图 8-23　面积图

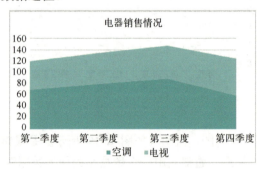

图 8-24　堆积面积图

2）图表由图表区、绘图区、图表标题、图例、数据系列、坐标轴等基本组成部分构成，如图 8-25 所示。下面介绍图表的基本组成部分。

① 图表区。图表区是指图表的全部范围。默认的图表区是由白色填充区域和 50%的灰色细实线边框组成的，选中图表区时，将显示图表对象边框以及用于调整图表大小的 6 个控制点。

② 绘图区。绘图区是指图表区内的图形表示区域，是以两个坐标轴为边的长方形区域。选中绘图区时，将显示绘图区边框以及用于调整绘图区大小的 8 个控制点。

③ 标题。标题包括图表标题和坐标轴标题。图表标题一般显示在绘图区上方，坐标轴标题显示在坐标轴外侧。图表标题只有一个，坐标轴标题分为水平轴标题和垂直轴标题。

④ 数据系列。数据系列是由数据点构成的，每个数据点对应于工作表中某个单元格内的数据，数据系列对应工作表中的一行或一列的数据。数据系列在绘图区中表现为彩色的点、线、面等图形。

⑤ 图例。图例由图例项和图例项标识组成，在默认设置中，包含图例的无边框矩形区域显示在绘图区右侧。

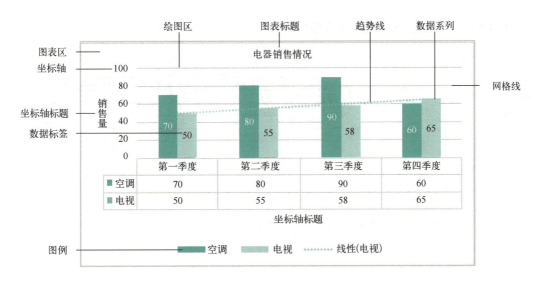

图 8-25 图表的构成

⑥ 坐标轴。坐标轴按位置不同分为主坐标轴和次坐标轴。图表的坐标轴默认显示的是绘图区左边的主要纵坐标轴和下边的主要横坐标轴。坐标轴按引用数据不同可以分为数值轴、分类轴、时间轴和序列轴。

对于图表的各部分元素的格式设置，均可通过右键快捷菜单中的"设置格式"命令实现。

3）迷你图是工作表单元格中的一个微型图表，可提供数据的直观表示，它用清晰、简明的图表形象显示数据的特征，并且占用空间少。迷你图包括折线图、柱形图和盈亏图 3 种类型。

折线图可显示一系列数据的趋势，柱形图可对比数据的大小，盈亏图可显示一系列数据的盈利情况。用户也可以将多个迷你图组合成为一个迷你图组。创建迷你图的具体操作步骤如下。

① 打开素材中的工作簿文件"创建迷你图.et"，选择单元格 F3，切换到"插入"选项卡，单击"折线"按钮，如图 8-26 所示。打开"创建迷你图"对话框。

图 8-26 选择折线迷你图

② 将光标定位到"数据范围"参数框中，使用鼠标选择单元格区域 B3:E3，如图 8-27 所示，单击"确定"按钮，即可在单元格 F3 中创建迷你图。

③ 将鼠标移到单元格 F3 的右下角，当鼠标变成黑色十字指针时，按下鼠标左键并拖动鼠标至单元格 F6，可利用填充句柄实现迷你图的自动生成，如图 8-28 所示。

需要更改迷你图的类型时，可以切换到"迷你图工具"选项卡，选择需要的图表类型即可。

需要删除迷你图时，选择需要删除的迷你图，切换到"迷你图工具"选项卡，单击"清除"下拉按钮，从下拉列表中选择所需要的选项即可，如图8-29所示。

图8-27 "创建迷你图"对话框　　　　图8-28 完成迷你图创建后的效果

图8-29 "清除"下拉列表

8.4 经验技巧

8.4.1 快速调整图表布局

图表布局是指图表中显示的图表元素及其位置、格式等的组合。WPS 表格提供了快速调整图表布局的功能。以本案例为例，快速调整图表布局的操作步骤如下。

选中图表，切换到"图表工具"选项卡，单击"快速布局"下拉按钮，从下拉列表中选择"布局7"选项，如图8-30所示。即可将此图表布局应用到选中的图表。

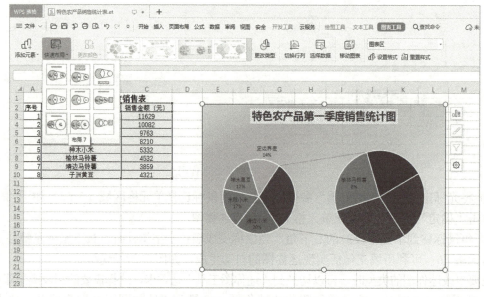

图8-30 应用"快速布局"后的图表

8.4.2 WPS 表格打印技巧

有时打印出的表格既看不到表头，排版也不美观，此时可以通过调整页边距与设置"打印标题或表头"实现打印表头。具体操作步骤如下。

1）切换到"页面布局"选项卡，单击"页边距"按钮，从下拉列表中选择"自定义页边距"选项，如图 8-31 所示。打开"页面设置"对话框，在"页边距"选项卡中，根据表格的情况设置"上""下""左""右"微调框的值，勾选"居中方式"栏下的"水平"和"垂直"复选框，如图 8-32 所示，单击"确定"按钮，把表格调整到合适的位置。

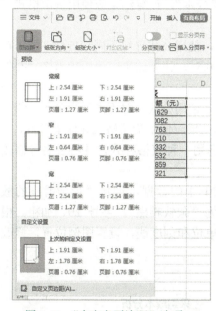

图 8-31 "自定义页边距"选项　　　　图 8-32 "页面设置"对话框

2）切换到"页面布局"选项卡，单击"打印标题或表头"按钮，如图 8-33 所示。打开"页面设置"对话框，且自动切换到"工作表"选项卡。在"打印标题"栏下选择"顶端标题行"并选择案例中的第 1、2 行，如图 8-34 所示。单击"确定"按钮，返回表格中，单击"打印预览"按钮，会发现每一页都会自动打印表头。

图 8-33 "打印标题或表头"按钮　　　　图 8-34 设置"顶端标题行"

8.5 拓展练习

某企业员工小韩需要使用 WPS 表格来分析采购成本，效果如图 8-35 所示。打开"素材"文件夹中的"习题.et"，帮助小韩完成以下操作。

1）在"成本分析"工作表的单元格区域 B8:B20 中，使用公式计算不同订货量下的年订货成本，公式为"年订货成本=年需求量/订货量×单次订货成本"，计算结果应使用货币格式并保留整数。

2）在"成本分析"工作表的单元格区域 C8:C20 中，使用公式计算不同订货量下的年存储成本，公式为"年存储成本=单位年存储成本×订货量×0.5"，计算结果应使用货币格式并保留整数。

3）在"成本分析"工作表的单元格区域 D8:D20 中，使用公式计算不同订货量下的年总成本，公式为"年总成本=年订货成本+年存储成本"，计算结果应使用货币格式并保留整数。

4）为"成本分析"工作表的单元格区域 A7:D20 套用一种表格样式，并将表名称修改为"成本分析"。

5）根据"成本分析"工作表的单元格区域 A7:D20 中的数据，创建"带平滑线的散点图"，修改图表标题为"采购成本分析"，标题文本字体为"微软雅黑"、字号 20、加粗。根据效果图修改垂直轴、水平轴上的最大值、最小值及刻度单位和刻度线，设置图例位置，修改网格线为"短划线"类型。

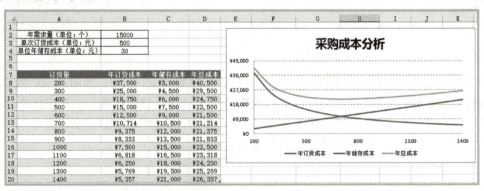

图 8-35　练习效果图

案例 9　大学生技能竞赛成绩情况分析

9.1　案例简介

9.1.1　案例需求与效果展示

为有效推动专业建设，优化专业教学，提高学生就业能力与竞争力，某高职院校举办了技能竞赛月活动。王老师是本次活动中软件测试赛项的负责人，赛项结束后，他需要对学生的竞赛成绩进行分析，具体要求如下。

1）根据 3 位评委的打分情况，汇总出每位考生的平均成绩。

2）对汇总后的数据进行排序，以查看各专业学生的成绩情况。

3）筛选出软件技术专业阶段二成绩在 50 分以上的学生名单上报教研室，筛选出软件技术专业阶段二成绩在 50 分以上或应用技术专业阶段一成绩在 25 分以上的学生名单上报系办公室。

4）分类汇总出各专业各项竞赛成绩的平均值。效果如图 9-1 所示。

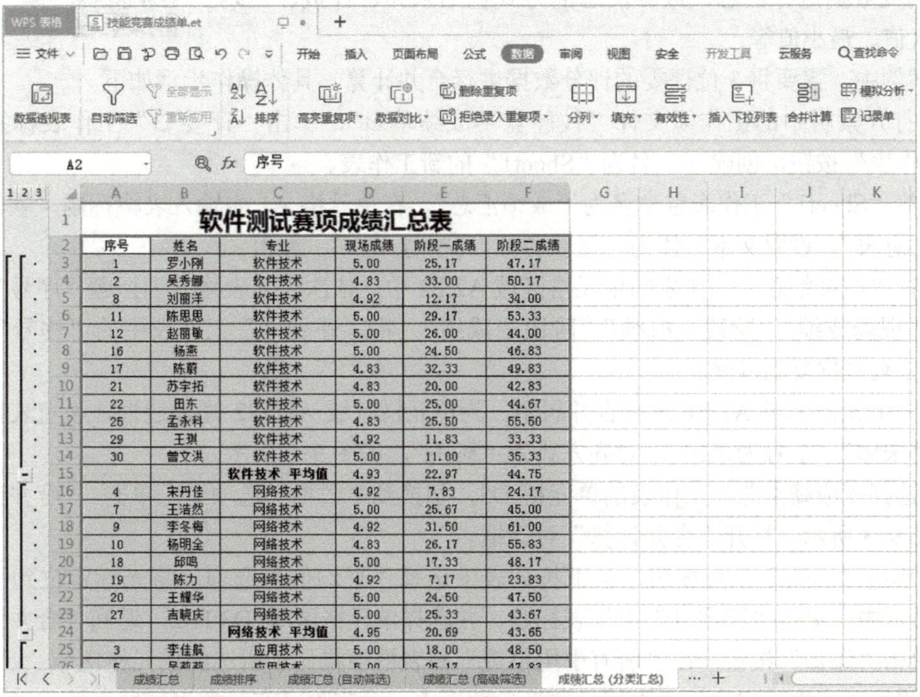

图 9-1　竞赛成绩分析效果图

9.1.2 案例目标

知识目标：
- 了解数据合并计算的作用。
- 了解数据排序、数据的自动筛选、数据分类汇总的作用。

技能目标：
- 掌握多个表格数据的合并计算数据分类汇总。
- 掌握数据的多条件排序。
- 掌握数据的自动筛选与高级筛选。
- 掌握数据的分类汇总。

素养目标：
- 提升数据的分析、数据统计能力。
- 提升创新、敬业乐业的工作作风与质量意识。

9.2 案例实现

9.2.1 合并计算

WPS 表格中内置的合并计算工具可用于处理多区域的数据汇总，能够帮助用户将指定的单元格区域中的数据，按照项目的匹配，对同类数据进行汇总。数据汇总的方式包括求和、计数、平均值、最大值、最小值等。

9-1 合并计算

本案例中，需要将 3 位评委的评分数据进行合并计算，具体操作步骤如下。

1）打开素材中的工作簿文件"技能竞赛成绩单.et"，单击"评委 3"工作表标签右侧的"新建工作表"按钮，创建一个名为"Sheet1"的新工作表。

2）将"Sheet1"工作表重命名为"成绩汇总"，在单元格 A1 中输入表格标题"软件测试赛项成绩汇总表"，设置文本字体为"微软雅黑"、字号"18"、加粗。

3）在"成绩汇总"工作表的单元格区域 A2:F2 中，依次输入表格的列标题"序号""姓名""专业""现场成绩""阶段一成绩""阶段二成绩"。将"评委 1"工作表中的"序号""姓名""专业"三列数据复制过来。

4）将单元格区域 A1:F1 进行合并居中。为单元格区域 A2:F32 添加边框，设置表格数据的字体为"宋体"，字号为"10"，对齐方式为"居中"，如图 9-2 所示。

5）选择"成绩汇总"工作表的单元格 D3，切换到"数据"选项卡，单击"合并计算"按钮，如图 9-3 所示。打开"合并计算"对话框。

6）单击"函数"下拉按钮，从下拉列表中选择"平均值"选项。将光标定位到"引用位置"参数框中，单击"评委 1"工作表标签，并选择单元格区域 D3:F32，返回"合并计算"对话框，单击"添加"按钮，在"所有引用位置"列表框中将显示所选的单元格区域。

7）将插入点再次定位于"引用位置"参数框中，并删除已有的数据区域，单击"评委 2"

工作表标签，并选择单元格区域 D3:F32，返回"合并计算"对话框，单击"添加"按钮，在"所有引用位置"列表框中将显示所选的单元格区域，使用同样的方法将"评委 3"工作表的数据区域 D3:F32 添加到"所有引用位置"列表框中，如图 9-4 所示。单击"确定"按钮，即可在"成绩汇总"工作表中看到合并计算的结果，如图 9-5 所示。

图 9-2 新建"成绩汇总"工作表

图 9-3 "合并计算"选项

图 9-4 "合并计算"对话框

	A	B	C	D	E	F
1	软件测试赛项成绩汇总表					
2	序号	姓名	专业	现场成绩	阶段一成绩	阶段二成绩
3	1	罗小刚	软件技术	5	25.1666667	47.1666667
4	2	吴秀娜	软件技术	4.8333333	33	50.1666667
5	3	李佳航	应用技术	5	18	48.5
6	4	宋丹佳	网络技术	4.9166667	7.833333333	24.1666667
7	5	吴莉莉	应用技术	5	25.1666667	47.8333333
8	6	陈可欣	应用技术	4.8333333	20.6666667	43.1666667
9	7	王浩然	网络技术	5	25.6666667	45
10	8	刘丽洋	软件技术	4.9166667	12.1666667	34
11	9	李冬梅	网络技术	4.9166667	31.5	61
12	10	杨明全	网络技术	4.8333333	26.1666667	55.8333333
13	11	陈思思	软件技术	5	29.1666667	53.3333333
14	12	赵丽敏	软件技术	5	26	44
15	13	曾丽娟	应用技术	4.75	21.83333333	44.83333333
16	14	张雨涵	应用技术	4.9166667	12.5	33.6666667
17	15	龙丹丹	应用技术	5	11.6666667	35.6666667
18	16	杨燕	软件技术	5	24.5	46.8333333
19	17	陈蔚	软件技术	4.8333333	32.33333333	49.8333333
20	18	邱鸣	网络技术	5	17.33333333	48.1666667
21	19	陈力	网络技术	4.9166667	7.166666667	23.8333333
22	20	王耀华	网络技术	5	24.5	47.5
23	21	苏宇拓	软件技术	4.8333333	20	42.8333333
24	22	田东	软件技术	5	25	44.6666667
25	23	杜鹏	应用技术	4.9166667	11.5	33.6666667
26	24	徐琴	应用技术	4.9166667	30.83333333	60.66666667

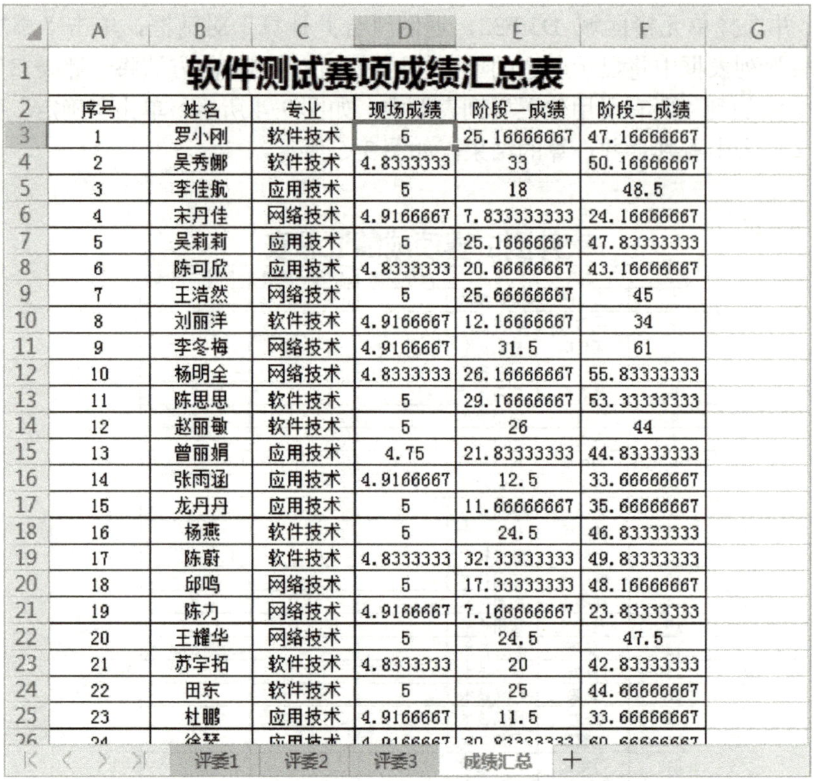

图 9-5　合并计算后的效果图（部分）

8）选中刚刚合并计算后的单元格区域 D3:F32，切换到“开始”选项卡，单击“数字格式”下拉按钮，从下拉列表中选择“数值”选项，如图 9-6 所示。

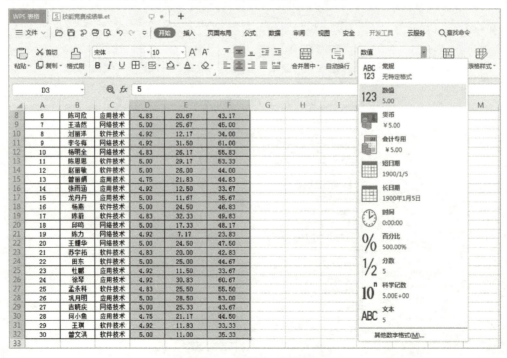

图 9-6　设置单元格格式

9.2.2 数据排序

为了方便查看和对比表格中的数据，用户可以对数据进行排序。排序是按照某个字段或某几个字段的次序对数据进行重新排列，让数据具有某种规律。排序后的数据可以方便用户查看和对比。数据排序包括简单排序、复杂排序和自定义排序。

本案例中要查看各专业学生的成绩情况，可以对表格数据按专业进行升序排序，在专业相同的情况下，分别按现场成绩、阶段二成绩、阶段一成绩进行降序排序。由于排序条件较多，此时需要用到 WPS 表格中的复杂排序。具体操作步骤如下。

1）复制"成绩汇总"工作表，并将其副本表格重命名为"成绩排序"。

2）将光标定位于"成绩排序"工作表数据区域的任一单元格中，切换到"数据"选项卡，单击"排序"按钮，如图 9-7 所示。打开"排序"对话框。

图 9-7 "排序"按钮

3）单击"主要关键字"右侧的第一个下拉按钮，从下拉列表中选择"专业"选项，保持"排序依据"下拉列表的默认值不变，在"次序"下拉列表中选择"升序"，之后单击"添加条件"按钮，对话框中出现"次要关键字"条件行，设置"次要关键字"为"现场成绩"，"次序"为"降序"，用同样的方法再添加两个"次要关键字"，分别为"阶段二成绩"和"阶段一成绩"，设置"次序"均为"降序"，如图 9-8 所示。

图 9-8 "排序"对话框

4）单击"确定"按钮，完成表格数据的多条件排序，效果如图 9-9 所示。

	A	B	C	D	E	F	G
1	软件测试赛项成绩汇总表						
2	序号	姓名	专业	现场成绩	阶段一成绩	阶段二成绩	
3	11	陈思思	软件技术	5.00	29.17	53.33	
4	1	罗小刚	软件技术	5.00	25.17	47.17	
5	16	杨燕	软件技术	5.00	24.50	46.83	
6	22	田东	软件技术	5.00	25.00	44.67	
7	12	赵丽敏	软件技术	5.00	26.00	44.00	
8	30	曾文洪	软件技术	5.00	11.00	35.33	
9	8	刘丽洋	软件技术	4.92	12.17	34.00	
10	29	王琪	软件技术	4.92	11.83	33.33	
11	25	孟永科	软件技术	4.83	25.50	55.50	
12	2	吴秀娜	软件技术	4.83	33.00	50.17	
13	17	陈蔚	软件技术	4.83	32.33	49.83	
14	21	苏宇拓	软件技术	4.83	20.00	42.83	
15	18	邱鸣	网络技术	5.00	17.33	48.17	
16	20	王耀华	网络技术	5.00	24.50	47.50	
17	7	王浩然	网络技术	5.00	25.67	45.00	
18	27	吉晓庆	网络技术	5.00	25.33	43.67	
19	9	李冬梅	网络技术	4.92	31.50	61.00	
20	4	宋丹佳	网络技术	4.92	7.83	24.17	
21	19	陈力	网络技术	4.92	7.17	23.83	
22	10	杨明全	网络技术	4.83	26.17	55.83	
23	26	巩月明	应用技术	5.00	28.50	53.00	
24	3	李佳航	应用技术	5.00	18.00	48.50	
25	5	吴莉莉	应用技术	5.00	25.17	47.83	
26	15		应用技术	11.67		35.67	

图 9-9　数据排序后的效果图

9.2.3 数据筛选

在一张大型工作表中，如果要找出某几项符合一定条件的数据，可以使用 WPS 表格强大的数据筛选功能。在用户设定筛选条件后，系统会迅速找出符合所设条件的数据记录，并自动隐藏不满足筛选条件的记录。数据筛选包括自动筛选和高级筛选两种。

9-3 数据筛选

自动筛选一般用于简单的条件筛选，高级筛选一般用于条件比较复杂的条件筛选。在进行高级筛选之前必须先设定筛选的条件区域。当筛选条件同行排列时，筛选出来的数据必须同时满足所有筛选条件，称为"且"高级筛选；当筛选条件位于不同行时，筛选出来的数据只须满足其中一个筛选条件即可，称为"或"高级筛选。

本案例中要求筛选出"软件技术"专业、"阶段二成绩"不低于 50 分的学生名单，可利用自动筛选功能实现，具体操作步骤如下。

1）复制"成绩汇总"工作表，并将其副本表格重命名为"成绩汇总（自动筛选）"。

2）选中"成绩汇总（自动筛选）"工作表的第 2 行，切换到"数据"选项卡，单击"自动筛选"按钮，如图 9-10 所示。

案例 9　大学生技能竞赛成绩情况分析

图 9-10 "自动筛选"按钮

3）工作表进入筛选状态，各标题字段的右侧均出现下拉按钮。

4）单击"专业"右侧的下拉按钮，在展开的下拉列表中取消勾选"网络技术""应用技术"复选框，只勾选"软件技术"复选框，如图 9-11 所示。

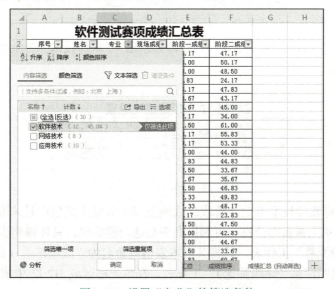

图 9-11 设置"专业"的筛选条件

5）单击"确定"按钮，表格中筛选出了"软件技术"专业的成绩数据。

6）单击"阶段二成绩"右侧的下拉按钮，在展开的下拉列表中选择"数字筛选"→"大于或等于"选项，如图 9-12 所示，打开"自定义自动筛选方式"对话框。

图 9-12 "大于或等于"选项

7）设置"大于或等于"右侧的文本框的值为"50",如图 9-13 所示。

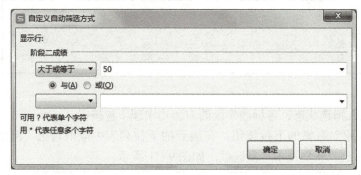

图 9-13 "自定义自动筛选方式"对话框

8）单击"确定"按钮返回工作表,表格即显示出"软件技术"专业中"阶段二成绩"为 50 分以上的成绩数据,如图 9-14 所示。

图 9-14 "自动筛选"效果图

本案例中要求将软件技术专业、阶段二成绩在 50 分以上或应用技术专业、阶段一成绩在 25 分以上的学生名单上报系办公室,可利用高级筛选功能实现。具体操作步骤如下。

1）复制"成绩汇总"工作表,并将其副本表格重命名为"成绩汇总(高级筛选)"。

2）切换到"成绩汇总(高级筛选)"工作表,在单元格区域 H2:J2 中依次输入"专业""阶段一成绩""阶段二成绩"。

3）选择 H3 单元格,并输入"软件技术",选择 J3 单元格,并输入">=50",选择 H4 单元格,并输入"应用技术",选择 I4 单元格,并输入">=25",为此单元格区域添加边框,如图 9-15 所示。

4）将光标定位于"成绩汇总(高级筛选)"工作表数据区域的任意一个单元格,切换到"数据"选项卡,单击"高级筛选"按钮,如图 9-16 所示。打开"高级筛选"对话框。

图 9-15 设置筛选条件　　　　　　　　图 9-16 "高级筛选"选项

5）保持"方式"栏中"在原有区域显示筛选结果"单选按钮的选中,单击"列表区域"参数框后面的折叠按钮,选择表格中的数据区域 A2:F32,之后将插入点定位于"条件区域"参数框中,选择刚刚设置的筛选条件区域 H2:J4,如图 9-17 所示。单击"确定"按钮,返回工作表，即可看到工作表已显示出符合筛选条件的学生名单，如图 9-18 所示。

图 9-17 "高级筛选"对话框　　　　图 9-18 进行"高级筛选"后的效果图

9.2.4 数据分类汇总

分类汇总工具可以快速地汇总各项数据，通过分级显示和分类汇总，可以从大量数据信息中提取有用的信息。分类汇总允许展开或收缩工作表，还可以汇总整个工作表或其中选定的一部分。需要注意的是，分类汇总之前须对数据进行排序。

本案例中要汇总各专业学生的平均成绩，可利用分类汇总实现，具体操作步骤如下。

1）复制"成绩汇总"工作表，并将其副本表格重命名为"成绩汇总（分类汇总）"。

2）将光标定位于"成绩汇总（分类汇总）"工作表数据区域 "专业"列的任意一个单元格中，切换到"数据"选项卡，单击"升序"按钮，如图 9-19 所示，即可快速完成表格中数据的按专业名称的升序排序。

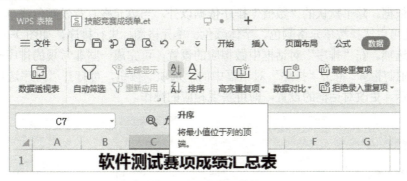

图 9-19 "升序"按钮

3）选择表格的数据区域 A2:F32，单击"数据"选项卡中的"分类汇总"按钮，如图 9-20 所示。打开"分类汇总"对话框。

4）选择"分类字段"下拉列表中的"专业"选项，在"汇总方式"下拉列表中选择"平均值"选项，在"选定汇总项"列表框中勾选"现场成绩""阶段一成绩""阶段二成绩"复选框，保持"替换当前分类汇总"和"汇总结果显示在数据下方"复选框的选中，如图 9-21 所示。单击"确定"按钮，即可完成数据按"专业"进行的分类汇总操作。

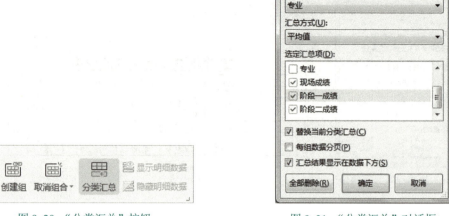

图 9-20 "分类汇总"按钮　　　　图 9-21 "分类汇总"对话框

5）保存工作簿文件，完成本案例竞赛成情况的分析。

9.3 案例小结

本案例通过对竞赛成绩的分析，讲解了 WPS 表格中的合并计算、数据排序、自动筛选、高级筛选和分类汇总等内容。在实际操作中还需要注意以下问题。

1）WPS 表格的排序功能比较强大，在"排序"对话框中还隐藏着多个用户不熟悉的选项。

① 排序依据。除了默认的"数值"排序依据以外，当单元格有背景颜色或单元格字体有不同颜色时，还可以选择按单元格颜色、字体颜色、单元格图标进行排序，如图 9-22 所示。

② 排序选项。在"排序"对话框中做相应的设置，可完成一些非常规的排序操作，如按行排序、按笔画排序等，单击"排序"对话框中的"选项"按钮，可打开"排序选项"对话框，如图 9-23 所示。更改对话框的设置，即可实现相应的操作。

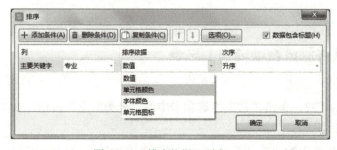 

图 9-22 "排序依据"列表　　　　图 9-23 "排序选项"对话框

2）筛选时要注意自动筛选与高级筛选的区别，根据实际要求选择适当的筛选形式进行数据分析。

- 自动筛选不用设置筛选的条件区域，高级筛选必须先设置条件区域。

- 自动筛选可实现的筛选效果，用高级筛选也可以实现，反之则不一定能实现。
- 对于多条件的自动筛选，各条件之间是"与"的关系。对于多条件的高级筛选，筛选条件在同一行表示条件之间是"与"的关系；筛选条件不在同一行表示条件之间是"或"的关系。

3）需要删除已设置的分类汇总结果时，可打开"分类汇总"对话框，单击"全部删除"按钮可删除已建立的分类汇总。需要注意的是，删除分类汇总的操作是不可逆的，不能通过"撤销"命令恢复。

9.4 经验技巧

9.4.1 按类别自定义排序

利用 WPS 表格处理日常工作时，经常会用到排序功能，但是有时需要按照自定义的类别排序，此时可进行如下操作。

1）打开素材文件夹中的"自定义排序素材.et"文件。

2）选中"Sheet1"工作表中的所有数据，切换到"数据"选项卡，单击"排序"按钮，打开"排序"对话框，在"主要关键字"下拉列表中选择"列 B"，在"排序依据"下拉列表中选择"数值"，在"次序"下拉列表中选择"自定义序列"，如图 9-24 所示。打开"自定义序列"对话框。

图 9-24 "自定义序列"选项

3）在"输入序列"列表框中输入"医生""教师""护士"，如图 9-25 所示。

图 9-25 "自定义序列"对话框

4）单击"添加"按钮，即可将自定义的序列添加到左侧的"自定义序列"列表框中。单击"确定"按钮返回"排序"对话框，即可看到"次序"列表框中显示为"医生,教师,护士"，如图 9-26 所示。单击"确定"按钮，即可完成按照职务自定义排序，如图 9-27 所示。

图 9-26　设置自定义次序　　　　　　　图 9-27　自定义排序后的效果

9.4.2　粘贴筛选后的数据

WPS 表格的筛选功能可以快速地查看指定的数据，给用户带来了极大便利，但是筛选功能只是将不符合条件的数据隐藏了起来。筛选过后，当需要将筛选过的单元格复制并粘贴到其他表格时，往往粘贴后的还是没有经过筛选的全部数据。此时可以通过定位可见单元格的方法实现只粘贴筛选后的数据。具体操作步骤如下。

数据筛选完毕后，按快捷键〈Ctrl+G〉，弹出定位对话框，选择"可见单元格"单选按钮，如图 9-28 所示。单击"定位"按钮之后再对表格进行复制并粘贴操作，此时粘贴的数据就是筛选后的数据了。

图 9-28　"定位"对话框

9.5　拓展练习

打开"员工考勤表.et"文件并对工作表"员工考勤表"进行数据统计。

1）筛选出需要提醒的员工信息，需要提醒的条件是：月迟到次数超过 2，或者缺席天数多于 1，或者有早退现象。效果如图 9-29 所示。

图 9-29　筛选效果图 1

2）筛选出需要经理约谈的员工信息，需要约谈的条件是：迟到次数大于 6 并且早退次数大于 2，或者缺席天数多于 3 并且早退次数大于 1。效果如图 9-30 所示。

图 9-30　筛选效果图 2

3）按照所属部门，对员工考勤情况进行分类汇总，汇总出各部门的出勤情况。效果如图 9-31 所示。

	A	B	C	D	E	F	G
1	企业员工月度出勤考核						
2	序号	时间	员工姓名	所属部门	迟到次数	缺席天数	早退次数
3	0003	2022年1月	杨林	财务部	4	3	0
4				**财务部 汇总**	4	3	0
5	0002	2022年1月	郭文	秘书处	10	0	1
6	0014	2022年1月	王林	秘书处	7	0	1
7	0020	2022年1月	王耀华	秘书处	0	0	1
8	0027	2022年1月	吉晓庆	秘书处	2	0	0
9	0029	2022年1月	王琪	秘书处	0	2	0
10	0031	2022年1月	张昭	秘书处	1	0	1
11				**秘书处 汇总**	20	2	4
12	0004	2022年1月	雷庭	企划部	2	0	2
13	0009	2022年1月	杨楠	企划部	3	0	2
14	0010	2022年1月	张琪	企划部	7	1	1
15	0013	2022年1月	田格艳	企划部	5	3	4
16	0019	2022年1月	陈力	企划部	0	1	4
17	0021	2022年1月	苏宇拓	企划部	6	0	0
18	0022	2022年1月	田东	企划部	3	0	0
19	0024	2022年1月	徐琴	企划部	1	0	3
20	0025	2022年1月	孟永科	企划部	5	0	4
21	0026	2022年1月	巩月明	企划部	3	3	1
22	0030	2022年1月	曾文洪	企划部	0	0	4
23				**企划部 汇总**	35	8	25
24	0005	2022年1月	刘伟	销售部	4	1	0
25	0006	2022年1月	何晓玉	销售部	0	0	4
26	0008	2022年1月	黄玲	销售部	1	1	4
27	0011	2022年1月	陈强	销售部	8	0	0
28	0015	2022年1月	龙丹丹	销售部	0	4	0
29	0016	2022年1月	杨燕	销售部	1	0	1
30	0017	2022年1月	陈蔚	销售部	8	1	4
31	0032	2022年1月	董国株	销售部	2	1	0
32				**销售部 汇总**	24	8	13

员工考勤表

图9-31　分类汇总效果图

案例 10 大学生创业企业日常费用分析

10.1 案例简介

10.1.1 案例需求与效果展示

张旺大学毕业一年后创建了一家装潢公司,为了了解公司日常财务情况,并制定出下一季度的财务预算,现在要根据公司 1~3 月份的日常费用明细表统计第一季度公司的财务报销情况,具体要求如下。

1)将各部门的日常费用情况单独生成一张表格。
2)统计各部门日常费用的平均值。
3)对各部门的日常费用按总费用从高到低进行排序。效果如图 10-1 所示。

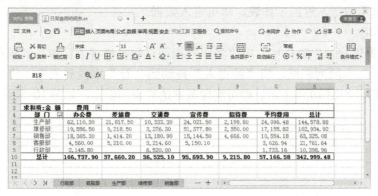

图 10-1 公司日常费用情况分析效果图

10.1.2 案例目标

知识目标:
- 了解数据透视表作用。
- 了解数据透视表的使用场合。

技能目标:
- 掌握创建数据透视表。
- 掌握利用数据透视表的对数据进行计算分析。
- 掌握数据透表的美化。

素养目标：
- 提升科学严谨的工作作风。
- 加强具备社会责任感和法律意识。

10.2 案例实现

10.2.1 创建数据透视表

数据透视表是一种对大量数据快速汇总和建立交叉表的交互式表格，用户可以转换行以查看数据源的不同汇总结果，可以筛选数据并以不同页面显示筛选结果，还可以根据需要显示区域中的明细数据。

10-1
创建数据透视表

本案例中创建数据透视表的操作步骤如下。

1）打开素材文件夹中的工作簿文件"日常费用明细表.et"。

2）选中 Sheet1 工作表数据区域中的任意一个单元格，切换到"插入"选项卡，单击"数据透视表"按钮，如图 10-2 所示。

3）打开"创建数据透视表"对话框，保持默认的表/区域的值不变，在"请选择放置数据透视表的位置"栏中选择"新工作表"单选按钮，如图 10-3 所示。单击"确定"按钮，返回工作表，即可进入数据透视表的设计环境。

图 10-2 "数据透视表"选项

4）在"数据透视表"窗格中，将"将字段拖动至数据透视表区域"列表框中的"费用类别"拖动到"列"字段列表框，将"经办人"拖动到"行"字段列表框，将"金额"拖动到"值"字段列表框，如图 10-4 所示。即可实现数据透视表的创建，如图 10-5 所示。

图 10-3 "创建数据透视表"对话框

图 10-4 "数据透视表"窗格

案例 10　大学生创业企业日常费用分析

图 10-5　数据透视表创建完成后的效果

10.2.2　添加报表筛选页字段

WPS 表格提供了报表筛选页字段的功能，通过该功能用户可以在数据透视表中快速显示位于筛选器中字段的所有信息。添加报表筛选页字段后生成的工作表会自动以字段信息命名，便于用户查看数据信息。

10-2
添加报表筛选页字段

本案例中要将各部门的日常费用情况单独生成表格，可使用报表筛选字段的功能，操作步骤如下。

1）在"数据透视表字段"窗格中，将"部门"拖动到"筛选器"字段列表框中。

2）选中数据透视表中的任意一个含有内容的单元格，切换到"分析"选项卡，单击"选项"下拉按钮，在下拉列表中选择"显示报表筛选页"选项，如图 10-6 所示。

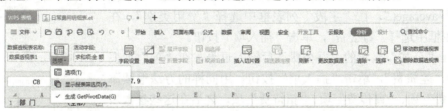

图 10-6　"显示报表筛选页"选项

3）弹出"显示报表筛选页"对话框，选择要显示的报表筛选字段"部门"，如图 10-7 所示。单击"确定"按钮，返回工作表中，WPS 表格自动生成"行政部""客服部""生产部""维修部""销售部"5 张工作表，如图 10-8 所示。切换至任意一张工作表，均可查看员工的报销费用。

图 10-7　"显示报表筛选页"对话框

图 10-8　添加报表筛选页字段后的效果图

10.2.3 增加计算项

WPS 表格提供了创建计算项的功能，计算项是在已有的字段中插入新项，是通过对该字段现有的其他项计算后得到的。在选中数据透视表中某个字段标题或其下的项目时，可以使用"计算项"功能。需要注意的是，计算项只能应用于行、列字段，无法应用于单元格区域。

10-3
添加计算项

本案例中需要在数据透视表中体现各部门的平均费用，可通过增加计算项实现。操作步骤如下。

1）切换到"Sheet2"工作表，在"数据透视表"窗格中，单击"行"字段列表框中的"经办人"下拉按钮，从下拉列表中选择"删除字段"选项，如图 10-9 所示，将"经办人"字段从"行"字段列表框中移除。

2）将"部门"从"筛选器"字段列表框移至"行"字段列表框中。

3）选中单元格 F4，切换到"分析"选项卡，单击"字段、项目和集"下拉按钮，从下拉列表中选择"计算项"选项，如图 10-10 所示。打开"在'费用类别'中插入计算字段"对话框。

4）在"名称"组合框中输入"平均费用"，在"公式"文本框中输入"=average("，在"字段"列表框中选择"费用类别"，在"项"列表框中选择"办公费"，单击"插入项"按钮。

5）在"公式"显示的"办公费"后输入逗号，在"项"列表框中选择"差旅费"，单击"插入项"按钮。用同样的方法继续添加"交通费"项、"宣传费"项、"招待费"项，之后在这些参数后面输入")"，如图 10-11 所示。单击"确定"按钮，返回工作表，可看到添加"平均费用"计算项后的显示结果，如图 10-12 所示。

图 10-9 "删除字段"选项

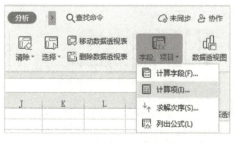

图 10-10 "计算项"选项

图 10-11 "在'费用类别'中插入计算字段"对话框

10.2.4 数据透视表的排序

10-4
数据透视表的排序

在已完成设置的数据透视表中还可以按总计金额进行排序。案例中要求对分析出的数据按"总计"金额从高到低进行排序，具体操作步骤如下。

	A	B	C	D	E	F	G	H
1								
2								
3	求和项:金额	费用类别						
4	部门	办公费	差旅费	交通费	宣传费	招待费	平均费用	总计
5	行政部	2145.8		6520			1733.16	10398.96
6	客服部	4560	5210	3214.6	5150.1		3626.94	21761.64
7	生产部	62110.3	21817.5	10333.3	24021.5	2199.8	24096.48	144578.88
8	维修部	19556.5	9218.5	3276.4	51377.8	2350	17155.82	102934.92
9	销售部	18365.3	1414.2	13180.9	15144.5	4666	10554.18	63325.08
10	总计	106737.9	37660.2	36525.1	95693.9	9215.8	57166.58	342999.5
11								

图 10-12　添加"平均费用"计算项后的效果

1）选中数据透视表中的任意一个单元格，单击"部门"按钮，在弹出的下拉列表中选择"其他排序选项"选项，如图 10-13 所示。打开"排序（部门）"对话框。

2）在"排序选项"栏中选择"降序排序（Z 到 A）依据"单选按钮，并从其下拉列表框中选择"求和项:金额"选项，如图 10-14 所示。

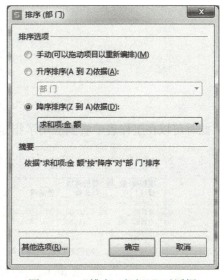

图 10-13　"其他排序选项"选项　　　　　图 10-14　"排序（部门）"对话框

3）单击"确定"按钮，即可实现将数据透视表中的数据按"总计"金额从高到低排序，效果如图 10-15 所示。

图 10-15　按"总计"金额降序排序后的效果

10.2.5　数据透视表的美化

为了增强数据透视表的视觉效果，用户可以对数据透视表进行样式选择、值字段设置等操作。具体操作步骤如下。

1）选中数据透视表中的任一单元格，切换到"设计"选项卡，单击"其他"按钮，从样式库中选择"数据透视表样式浅色14"选项，如图10-16所示。

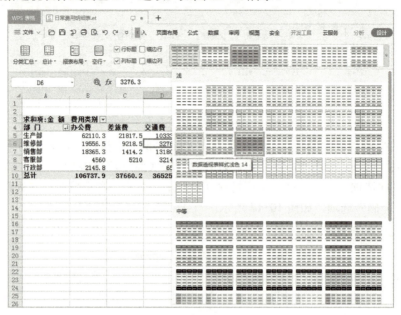

图10-16 "数据透视表样式"样式库

2）此时可以在工作表中看到应用了指定数据透视表样式后的表格效果，如图10-17所示。

图10-17 应用数据透视表样式后的效果

3）在"设计"选项卡中，选中样式库左侧的"镶边列"复选框、"镶边行"复选框，如图10-18所示，实现数据透视表中的行、列的镶边效果。

图10-18 选中"镶边行"和"镶边列"

4）双击单元格B3（即列标签单元格），修改其文本内容为"费用"。

5）在"数据透视表"窗格中，单击"值"列表框中的"求和项:金额"下拉按钮，从弹出的下拉列表中选择"值字段设置"选项，如图10-19所示。打开"值字段设置"对话框，如图10-20所示。

6）单击"数字格式"按钮，打开"单元格格式"对话框，在"分类"列表框中选择"数值"选项，设置"小数位数"为"2"，选中"使用千位分隔符"复选框，如图10-21所示。单击两次"确定"按钮，返回工作表，完成数据透视表中数值单元格的格式设置。

图 10-19 "值字段设置"选项

图 10-20 "值字段设置"对话框

图 10-21 "单元格格式"对话框

7）选中整个数据透视表，切换到"开始"选项卡，单击"水平居中"按钮，对齐表格中的数据。效果如图 10-1 所示。

8）单击"保存"按钮，完成本案例数据透视表的创建和美化。

10.3 案例小结

本案例通过分析公司日常费用情况讲解了 WPS 表格中数据透视表的创建、数据透视表的值字段设置、数据透视表的数据排序等内容。在实际操作中还需要注意以下问题。

1）数据透视表是从数据库中生成的动态总结报告，其中数据库可以是工作表中的，也可以是其他外部文件中的。数据透视表用一种特殊的方式显示一般工作表的数据，能够更加直观清晰地显示复杂的数据。

需要注意的是，并不是所有的数据都可以用于创建数据透视表，汇总的数据必须包含字段、数据记录和数据项。在创建数据透视表时一定要选择 WPS 表格能处理的数据库文件。

2）在"数据透视表"窗格的下方有 4 个字段列表框，名称分别为"筛选器""列""行""值"，分别代表数据透视表的 4 个区域。

对于数值字段，默认会进入"值"字段列表框中。对于文本字段，默认会进入"行"字段列表框中。如要改变默认的归类，需要手工拖动字段。

3）数据透视图是一个和数据透视表相链接的图表，它以图形的形式来展现数据透视表中的数据。数据透视图是一个交互式的图表，用户只需要改变数据透视图中的字段就可以实现不同数据的显示。当数据透视表中的数据发生变化时，数据透视图也将随之发生变化；数据透视图改变时，数据透视表也将随之发生变化。以本案例中的数据透视表数据为例，数据透视图的创建操作如下。

① 选中数据透视表中的单元格，切换到"分析"选项卡，单击"数据透视图"按钮，如图 10-22 所示。

图 10-22 "数据透视图"按钮

② 在弹出的"插入图表"对话框中，选择"柱形图"→"簇状柱形图"选项，如图 10-23 所示。

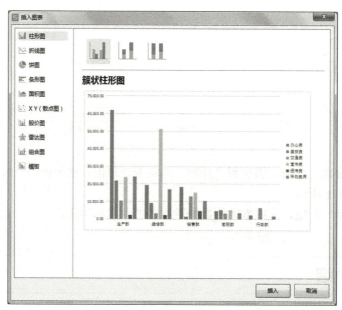

图 10-23 "插入图表"对话框

③ 单击"确定"按钮，返回工作表，即可看到 WPS 表格根据数据透视表自动创建了数据透视图，如图 10-24 所示。

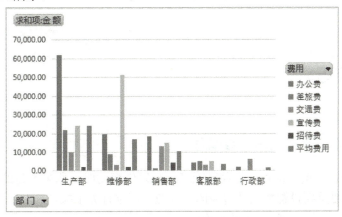

图 10-24　创建完成的数据透视图

④ 单击数据透视图中的"部门"按钮，在弹出的下拉列表中取消勾选"客服部""维修部"复选框，如图 10-25 所示。单击"确定"按钮，即可看到数据透视图中显示了筛选出的信息，如图 10-26 所示。

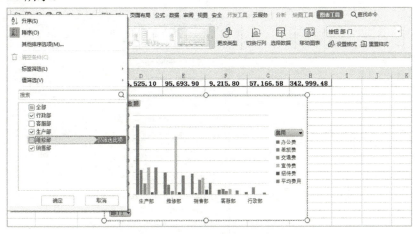

图 10-25　设置筛选条件

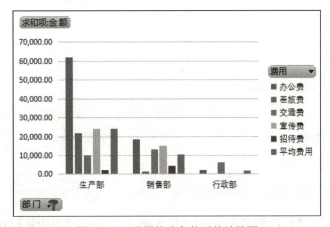

图 10-26　设置筛选条件后的效果图

4）当刷新数据透视表后，外观改变或无法刷新时，处理的方法有两种：第一种是检查数据库的可用性，确保仍然可以连接外部数据库并能查看数据。第二种是检查源数据库的更改情况。

10.4 经验技巧

10.4.1 更改数据透视表的数据源

当数据透视表的数据源位置发生移动或其内容发生变动时，原来创建的数据透视表不能真实地反映现状，需要重新设置数据透视表的数据源，可进行如下操作。

1）将鼠标定位于数据透视表的单元格中。

2）切换到"分析"选项卡，单击"更改数据源"按钮，从下拉列表中选择"更改数据源"选项，如图 10-27 所示。

3）在弹出的"更改数据透视表数据源"对话框中，选择新的数据源即可如图 10-28 所示。

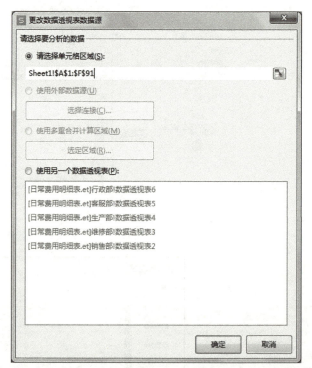

图 10-27 "更改数据源"选项　　　　　图 10-28 "更改数据透视表数据源"对话框

10.4.2 更改数据透视表的报表布局

在 WPS 表格中有"以压缩形式显示""以大纲形式显示""以表格形式显示"三种报表布

局。其中“以压缩形式显示”为数据透视表的默认样式。

在本案例中，如将“经办人”拖动到“行”字段列表框中，数据透视表将默认显示为“压缩布局”的样式，如图 10-29 所示。

求和项:金 额		费用						
部 门	经办人	办公费	差旅费	交通费	宣传费	招待费	平均费用	总计
⊟生产部		62,110.30	21,817.50	10,333.30	24,021.50	2,199.80	24,096.48	144,578.88
	李云	24,930.80			1,236.00		5,233.36	31,400.16
	刘博	321.50	3,625.50	6,737.30	6,683.50		3,473.56	20,841.36
	刘伟	21,697.50	1,215.00	2,711.50			5,124.80	30,748.80
	刘小丽	5,253.20	12,607.90		96.50		3,591.52	21,549.12
	王伟	338.50	115.40	558.50			202.48	1,214.88
	郑军	1,589.00	3,401.70			2,199.80	1,438.10	8,628.60
	周俊	5,854.80		326.00			1,236.16	7,416.96
	朱云	2,125.00	852.00		16,005.50		3,796.50	22,779.00
⊟维修部		19,556.50	9,218.50	3,276.30	51,377.80	2,350.00	17,155.82	102,934.92
	李云	2,143.00					428.60	2,571.60
	刘博	255.00			40,546.90	2,350.00	8,630.38	51,782.28
	刘伟		8,282.00		158.00		1,688.00	10,128.00
	刘小丽	1,382.20			6,325.00		1,541.44	9,248.64
	王伟		326.00	458.00			156.80	940.80
	郑军		521.00	2,794.50	700.00		803.10	4,818.60
	周俊	15,776.30					3,155.26	18,931.56
	朱云		89.50	23.80	3,647.90		752.24	4,513.44
⊟销售部		18,365.30	1,414.20	13,180.90	15,144.50	4,666.00	10,554.18	63,325.08
	李云	1,258.60		12.30	62.50		266.68	1,600.08
	刘博				6,163.00		1,232.60	7,395.60
	刘伟	1,317.30	456.20				354.70	2,128.20

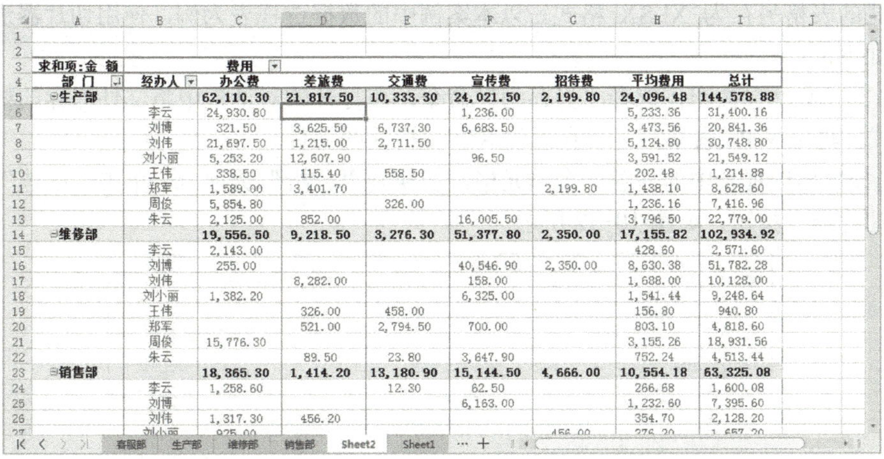

图 10-29 “压缩布局”样式的数据透视表

如要更改此布局，可进行如下的操作。

1）选中数据透视表区域的任一单元格。

2）切换到“设计”选项卡，单击“报表布局”按钮，从下拉列表中选择“以表格形式显示”选项，如图 10-30 所示，即可实现数据透视表布局的更改。

10.4.3 快速取消“总计”列

在创建数据透视表时，默认情况下会自动生成“总计”列，有时该列并没有实际意义，要将其取消，可进行如下操作。

1）选择数据透视表区域的任意一个单元格。

2）切换到“设计”选项卡，单击“总计”按钮，在下拉列表中选择“仅对列启动”选项，如图 10-31 所示。即可快速取消“总计”列。

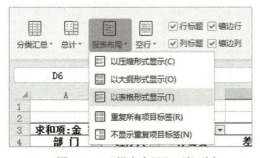

图 10-30 “报表布局”下拉列表

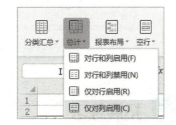

图 10-31 “仅对列启用”选项

10.4.4 使用切片器快速筛选数据

切片器是 WPS 表格的一项可用于数据透视表筛选的强大功能，使用切片器在进行数据筛选方面有很大的优势。切片器能够快速地筛选出数据透视表中的数据，而无须打开下拉列表查找要筛选的项目。

需要注意的是，切片器只能用在数据透视表中，且文件的格式必须是 XLSX，所以需要先将其他格式的表格另存为 XLSX 格式。以本案例中的数据透视表为例，使用切片器进行筛选的操作步骤如下。

1）单击"文件"按钮，选择"另存为"命令，在打开的对话框中将文件保存的格式设置为 XLSX 格式。再用 WPS 表格打开另存后的 XLSX 格式的文件。

2）选择数据透视表中的任意一个单元格。切换到"分析"选项卡，单击"筛选"功能组中的"插入切片器"按钮，如图 10-32 所示。

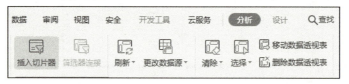

图 10-32 "插入切片器"按钮

3）在打开的"插入切片器"对话框中，勾选"部门"复选框，如图 10-33 所示。弹出"切片器"窗格，单击窗口中的各个部门，即可实现数据透视表中数据的快速筛选，如图 10-34 所示。

图 10-33 "插入切片器"对话框

图 10-34 "切片器"窗格

10.5 拓展练习

打开"员工销售业绩表.et"文件，进行以下操作。
1）统计出各种产品在不同地区的销售数量及占总数量的百分比。
2）为数据透视图应用一种样式。

3）对数据透视图中的数据按总销售数量的降序排序。效果如图 10-35 所示。

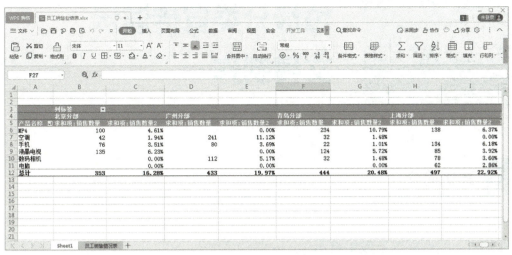

图 10-35　练习效果图

案例 11　垃圾分类宣传演示文稿制作

11.1　案例简介

11.1.1　案例需求与效果展示

人们在生产、生活中产生的大量垃圾，正在严重侵蚀大家的生存环境，垃圾分类是实现垃圾减量化、资源化、无害化，避免"垃圾围城"的有效途径。本案例是为某幼儿园制作垃圾分类演示文稿。

题目：幼儿园垃圾分类教育宣传

一、什么是垃圾？

垃圾是失去使用价值、无法利用的废弃物品，是物质循环的重要环节，是不被需要或无用的固体、流体物质。

比如小朋友浪费的剩饭剩菜，小朋友做手工剩下的碎纸，妈妈做饭剩下的菜叶子，喝饮料和牛奶剩下的牛奶盒子和瓶子……

人的一生能制造大约 40 吨垃圾。

二、认识垃圾分类标志

什么是垃圾分类?

垃圾分类一般是指按一定规定或标准将垃圾分类储存、分类投放和分类搬运，从而转变成公共资源的一系列活动的总称。

分类的目的是提高垃圾的资源价值和经济价值，力争物尽其用。

认认四色桶。

蓝色的垃圾桶：负责回收再生利用价值高、能进入废品回收渠道的垃圾；

绿色的垃圾桶：负责回收厨房产生的食物类垃圾以及果皮等垃圾；

红色的垃圾桶：负责回收含有毒有害化学物质的垃圾；

灰色的垃圾桶：除去可回收物、有害垃圾、厨余垃圾之外的所有垃圾。

三、垃圾分类收集

蓝色的垃圾桶：可回收物就放入这个可回收垃圾桶；可回收物主要包括废纸、塑料、玻璃、金属和布料五大类。

> *废纸*：主要包括报纸、期刊、图书、各种包装纸等。但是，要注意纸巾和厕所纸由于水溶性太强不可回收。

> *塑料*：各种塑料袋、塑料泡沫、塑料包装（快递包装纸是其他垃圾/干垃圾）、一次性塑

料餐盒餐具、硬塑料、塑料牙刷、塑料杯子、矿泉水瓶等。
- 玻璃：主要包括各种玻璃瓶、碎玻璃片、暖瓶等。（镜子是其他垃圾/干垃圾）
- 金属物：主要包括易拉罐、罐头盒等。
- 布料：主要包括废弃衣服、桌布、洗脸巾、书包、鞋等。

绿色的垃圾桶：厨余垃圾就放入这个绿色垃圾桶。
- 厨余垃圾（也称湿垃圾）。
- 包括剩菜剩饭、骨头、菜根菜叶、果皮等食品类废物。

红色的垃圾桶：有害、危险的垃圾就放入这个红色垃圾桶。
有害垃圾是含有对人体健康有害的重金属、有毒的物质或者对环境造成现实危害或者潜在危害的废弃物，包括电池、荧光灯管、灯泡、水银温度计、油漆桶、部分家电、过期药品及其容器、过期化妆品等。这些垃圾一般采用单独回收或填埋处理。

灰色的垃圾桶：不属于可回收垃圾、有害垃圾及厨余垃圾的垃圾就放入这个灰色垃圾桶。
其他垃圾（也称干垃圾）包括除上述几类垃圾之外的砖瓦陶瓷、渣土、卫生间废纸、纸巾等难以回收的废弃物及尘土、食品袋（盒）。采取卫生填埋可有效减少对地下水、地表水、土壤及空气的污染。

- 卫生纸：厕纸、卫生纸遇水即溶，不算可回收的"纸张"，类似的还有烟盒等。
- 餐厨垃圾装袋：常用的塑料袋。
- 果壳：在垃圾分类中，"果壳瓜皮"的标识就是花生壳。家里用剩的废弃食用油，也归类在"厨余垃圾"。
- 尘土：在垃圾分类中，尘土属于"其他垃圾"，但残枝落叶属于"厨余垃圾"，包括家里开败的鲜花等。

四、课堂小游戏

现在小朋友们来看看这些垃圾应该放在什么垃圾桶？学习垃圾分类儿歌。

依据本案设计，实现的页面效果如图 11-1 所示。

a)

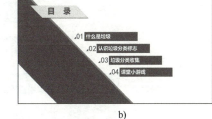

b)

c)

d)

图 11-1　案例效果

a) 封面　b) 目录　c) 正文页　d) 封底

11.1.2 案例目标

知识目标：
- 了解 WPS 演示文稿的逻辑设计思路。
- 了解 WPS 演示文稿各媒体元素的作用。

技能目标：
- 掌握 WPS 演示文稿页面设置。
- 掌握插入文本及设置文本。
- 掌握插入图片的方法与图文混排的方法。
- 掌握插入形状及设置格式。
- 掌握图文混排的 CRAP 原则。

素养目标：
- 具备社会责任感和法律意识。
- 提高分析问题、解决问题的能力。

11.2 案例实现

本演示文稿主要采用了扁平化的设计，案例中主要应用了页面设置，插入与设置文本、图片、形状等元素，实现图文混排。

11.2.1 WPS 演示文稿框架策划

本案例的框架结构可以采用树状的说明式框架结构，其特点中规中矩、结构清晰，框架结构图如图 11-2 所示。

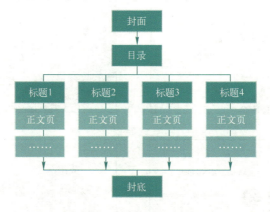

图 11-2 树状说明式框架结构图

11.2.2 WPS 演示文稿页面草图设计

整个页面的布局结构草图设计如图 11-3 所示。

11.2.3 创建文件并设置幻灯片大小

单击"开始"按钮,在"开始"菜单中选择"WPS 演示"命令,在打开的 WPS 演示工作界面中单击"新建标签"按钮,即可创建一个空白演示文稿,如图 11-4 所示。

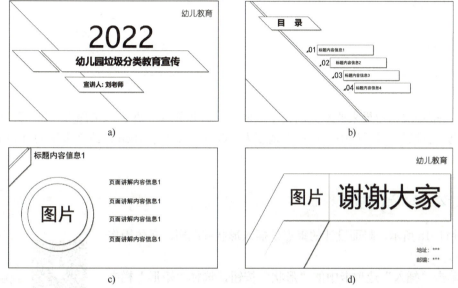

图 11-3　页面布局结构草图设计
a) 封面　b) 目录　c) 正文页　d) 封底

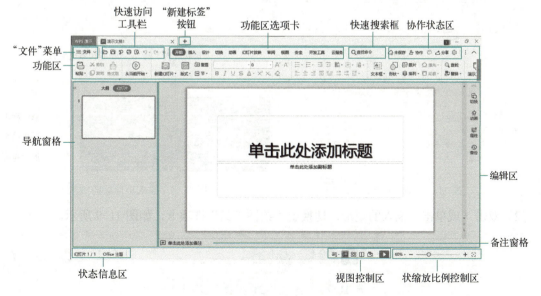

图 11-4　WPS 演示工作界面

在"快速访问工具栏"中,单击"保存"按钮,命名演示文稿名称即可。

单击"设计"选项卡中的"幻灯片大小"下拉按钮,在弹出的下拉列表中,可以将幻灯片大小设置为标准(4∶3)或宽屏(16∶9),还可以设置"自定义大小",选择"自定义大小"选项,如

图 11-5 所示，在弹出的"页面设置"对话框中可以设置特殊尺寸的幻灯片，如图 11-6 所示。

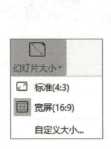

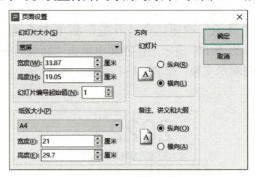

图 11-5 "幻灯片大小"下拉列表　　　　　图 11-6 "页面设置"对话框

注意：根据展示效果来调整比例大小，例如，需要展示一块 5∶1 的宽数字屏幕，则可以在弹出的"页面设置"对话框中，自定义宽度为 50cm，高度为 10cm，或者宽度为 100cm，高度为 20cm。

11.2.4 封面的制作

如图 11-1a 所示，封面设计的重点是插入形状并编辑，具体操作步骤如下。

11-2
封面的制作

1）单击"插入"选项卡中的"形状"按钮，选择"矩形"栏中的"矩形"选项，如图 11-7 所示，在页面中拖动鼠标绘制一个矩形，如图 11-8 所示。

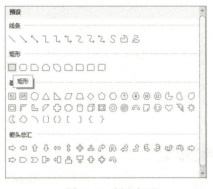

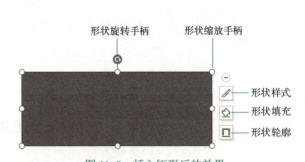

图 11-7　插入矩形　　　　　　　　　图 11-8　插入矩形后的效果

2）双击（或单击）插入的矩形，切换至"绘图工具"选项卡，如图 11-9 所示。

图 11-9　切换至"绘图工具"选项卡

3）单击"填充"下拉按钮，弹出"填充"下拉列表，如图 11-10 所示，选择标准色中的"绿色"，填充后的矩形效果如图 11-11 所示。

4）单击"轮廓"下拉按钮，选择"无线条颜色"选项，完成矩形轮廓的颜色设置。

5）选择刚绘制的矩形，单击灰色的"形状旋转手柄"按钮，顺时针旋转 45°，同时调整矩形的位置，效果如图 11-12 所示。

图 11-10 "填充"下拉列表

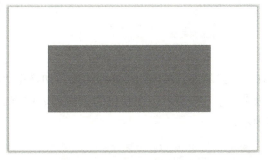

图 11-11 填充后的矩形效果

6）单击"插入"选项卡中的"形状"按钮，选择"基本形状"中的"平行四边形"选项，在页面中拖动鼠标绘制一个平行四边形，将形状填充为橙色，边框也设置为"无线条颜色"，调整大小与位置，效果如图 11-13 所示。

图 11-12 旋转后的矩形效果

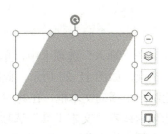

图 11-13 绘制的平行四边形的效果

7）双击（或单击）平行四边形，切换至"绘图工具"选项卡，单击"旋转"下拉按钮，如图 11-14 所示，在弹出的下拉列表中选择"水平翻转"选项，翻转后的平行四边形效果如图 11-15 所示。

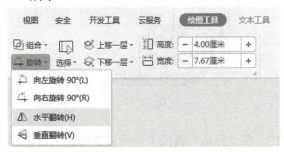

图 11-14 选择"水平翻转"选项

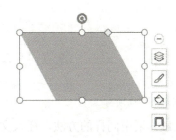

图 11-15 水平翻转后的平行四边形效果

8）调整橙色平行四边形的位置，页面如图 11-16 所示。采用同样的方法，在页面中再次绘制一个平行四边形，将形状填充为浅灰色，调整大小与位置，如图 11-17 所示。

图 11-16　调整后的橙色平行四边形

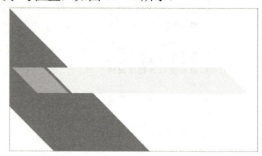

图 11-17　灰色平行四边形的效果

9）双击（或单击）灰色的平行四边形，切换至"绘图工具"选项卡，单击"形状效果"下拉按钮，如图 11-18 所示，在弹出的下拉列表中选择"阴影"下的"右下斜偏移"效果，如图 11-19 所示。

图 11-18　设置平行四边形的阴影效果

图 11-19　设置阴影后的平行四边形效果

10）在"插入"选项卡中，单击"文本框"下拉按钮，在弹出的下拉列表中选择"横向文本框"选项，如图 11-20 所示，此时鼠标指针会变成"+"形状，按住鼠标左键不放，拖动鼠标即可绘制一个横向文本框，在其中输入"幼儿园垃圾分类教育宣传"，选中输入的文本，在"开始"选项卡或者"文本工具"选项卡中，设置字体为"微软雅黑"，字体大小为"48"，字体加粗，文本颜色为绿色，如图 11-21 所示，设置后的效果如图 11-22 所示。

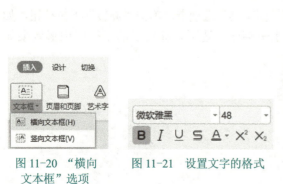

图 11-20　"横向文本框"选项　　图 11-21　设置文字的格式

图 11-22　文字标题的效果

11）采用同样的方法，插入文本"2022"，在"开始"选项卡中设置字体为"微软雅黑"，字体大小为"120"，文本颜色为绿色，效果如图 11-23 所示。

12）复制一个平行四边形，插入新的文本"宣讲人：王老师"，效果如图11-24所示。

图11-23 "2022"文字的效果

图11-24 添加新的图形与文字后的效果

13）插入文本"幼儿教育"，在"开始"选项卡中设置字体为"幼圆"，字体大小为"36"，文本颜色为绿色，效果如图11-1a所示。

11.2.5 目录的制作

目录与封面的页面设计基本相似，具体操作步骤如下。

1）复制封面，删除多余内容，效果如图11-12所示，然后复制矩形框，设置填充色为"浅绿"，效果如图11-25所示，选择复制的浅绿色矩形，右击并在弹出的快捷菜单中选择"置于底层"命令，调整矩形的位置，效果如图11-26所示。

11-3
目录的制作

图11-25 将矩形框填充为浅绿色

图11-26 复制矩形后的效果

2）复制封面中的浅灰色平行四边形，调整大小与位置，插入文本"目录"，在"开始"选项卡中设置字体为"微软雅黑"，字体大小为"36"，文本颜色为绿色，效果如图11-27所示。

3）单击"插入"选项卡，单击"形状"下拉按钮，选择"基本形状"中的"三角形"选项，在页面中拖动鼠标绘制一个三角形，并将其填充为绿色，调整大小与位置；插入横向文本框，输入文本"01"，设置字体为"微软雅黑"，大小为"36"，颜色为绿色；采用同样的方法继续插入绿色的矩形，插入文本"什么是垃圾"，调整大小与位置后的效果如图11-28所示。

图11-27 目录标题的效果

图11-28 添加第一条目录内容后的效果

4)复制"什么是垃圾"内容,修改序号与目录内容,效果如图 11-1b 所示。

11.2.6 正文页的制作

11-4
正文页的制作

正文页主要包含 6 个方面,实现的页面效果如图 11-29 所示。

a)　　　　　　　　　　　　　　　b)

c)　　　　　　　　　　　　　　　d)

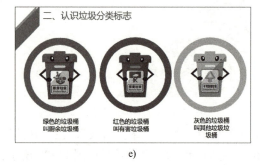　　

e)　　　　　　　　　　　　　　　f)

图 11-29　正文页的最终效果

正文页主要也是使用图形、图片与文本的组合来完成设计的,这与封面和目录的页面效果相似,在图 11-29 中的 6 个页面中还运用了图片,下面以图 11-29d 为例介绍正文页的实现过程。

具体操作步骤如下。

1)单击"插入"选项卡中的"形状"按钮,选择"基本形状"中的"平行四边形"选项,在页面中拖动鼠标绘制一个平行四边形,将形状填充为绿色,边框设置为"无线条颜色",调整大小与位置,复制平行四边形,将其填充为浅绿色;插入文本"二、认识垃圾分类标志",在"开始"选项卡中设置字体为"微软雅黑",字体大小为"36",文本颜色为绿色,效果如图 11-30 所示。

2)继续单击"插入"选项卡中的"形状"按钮,选择"基本形状"中的"椭圆"选项,按住〈Shift〉键的同时在页面中拖动鼠标绘制一个圆形,将形状填充为蓝色,边框设置为"无线条颜色",效果如图 11-31 所示。

图 11-30　添加平行四边形与文本

图 11-31　添加圆形后的效果

3）采用同样的方法再绘制一个白色圆形，放置在蓝色圆圈的上方，单击"插入"选项卡中的"图片"按钮，弹出"插入图片"对话框，将"图片素材"文件夹中的"蓝色可回收垃圾桶.png"图片插入，如图 11-32 所示，调整大小与位置后，页面效果如图 11-33 所示。

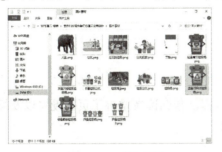

图 11-32　插入图片

图 11-33　插入图片后的效果

4）其余的效果主要是通过插入图形与文字实现的，在此不做赘述，页面的效果如图 11-29d 所示。

11.2.7　封底的制作

如图 11-1d 所示，封底设计的重点是形状、图片与文字的混排。由于已经学习了图形的插入、文字的设置、图片的插入，在此只做简单的介绍。

11-5
封底的制作

1）单击"插入"选项卡中的"形状"按钮，选择"基本形状"中的"平行四边形"选项，在页面中拖动鼠标绘制一个平行四边形，将形状填充为绿色，边框设置为"无线条颜色"，复制平行四边形，将其填充为浅绿，如图 11-34 所示。

2）采用同样的方法插入绿色正方形与白色边框，再绘制一个浅灰色的矩形，如图 11-35 所示。

图 11-34　插入两个平行四边形

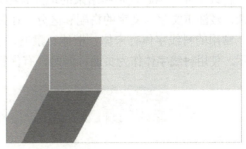

图 11-35　插入绿色正方形与灰色矩形

3）为了增加立体感，在两个平行四边形交界的地方绘制出白色的线条，如图 11-36 所示。

4）单击"图片"按钮，插入"四色垃圾桶.png"图片，页面效果如图 11-37 所示。

图 11-36　白色线条的应用

图 11-37　插入四色垃圾桶图片后的效果

5）插入其他文本内容，页面效果如图 11-1d 所示。

11.3　案例小结

本案例通过介绍一份垃圾分类演示文稿的制作过程，帮助读者掌握了页面设置以及插入文本、图片、形状的方法，并通过编辑达到想要的效果。

11.4　经验技巧

11.4.1　WPS 演示文稿的排版与字体巧妙使用

WPS 演示文稿中文字的应用要主次分明。在内容方面，呈现主要的关键词、观点即可。在文字的排版方面，文字之间的行距最好控制在 125%～150% 之间。

11-6
字体的使用

在西文的字体分类方法中将字体分为了两类：衬线字体和无衬线字体。实际上，该分类方法对于汉字的字体也是适用的，但应该加入书法体。同时，不同字体之间的组合可以产生不同的效果。

（1）衬线字体

衬线字体在笔画开始和结束的地方有额外的装饰，而且笔画的粗细有所不同。文字细节较复杂，较注重文字与文字的搭配和区分，在纯文字的 WPS 演示文稿中呈现效果较好。

常用的衬线字体有宋体、楷体、隶书、粗倩、粗宋、舒体、姚体、仿宋体等，如图 11-38 所示。使用衬线字体作为页面标题时，有优雅、精致的感觉。

图 11-38　衬线字体

（2）无衬线字体

无衬线字体的笔画没有装饰，笔画粗细接近，文字细节简洁，字与字的区分不是很明显。相对衬线字体的手写感，无衬线字体人工设计感比较强，时尚而有力量，稳重而又不失现代感。无衬线字体更注重段落与段落、文字与图片的配合和区分，在图表类型的 WPS 演示文稿中呈现效果较好。

常用的无衬线体有黑体、微软雅黑、幼圆、综艺简体、汉真广标、细黑等，如图 11-39 所示。使用无衬线字体作为页面标题时，有简练、明快、爽朗的感觉。

图 11-39　无衬线字体

（3）书法体

书法字体，就是书法风格的字体。传统书法体主要有行书字体、草书字体、隶书字体、篆书字体和楷书字体五种，也就是五个大类。每一大类又可细分为若干小的门类，如篆书又分大篆、小篆，楷书又有魏碑、唐楷之分，草书又有章草、今草、狂草之分。

WPS 演示文稿常用的书法体有苏新诗柳楷、迷你简启体、迷你简祥隶、叶根友毛笔行书等，如图 11-40 所示。书法字体常被用在封面、封底，用来表达传统文化或富有艺术气息的内容。

图 11-40　书法字体

（4）字体的经典搭配

经典搭配 1：方正综艺体（标题）+微软雅黑（正文）。此搭配适合进行课题汇报、咨询报告、学术报告等正式场合，如图 11-41 所示。

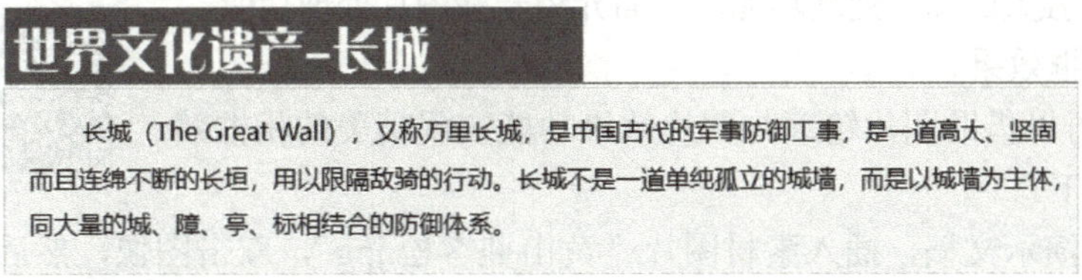

图 11-41　方正综艺体（标题）+微软雅黑（正文）

方正综艺体有足够的分量，微软雅黑足够饱满，两者结合能让画面显得庄重、严谨。

经典搭配 2：方正粗宋简体（标题）+微软雅黑（正文）。此搭配适合使用在会议类比较严肃的场合，如图 11-42 所示。

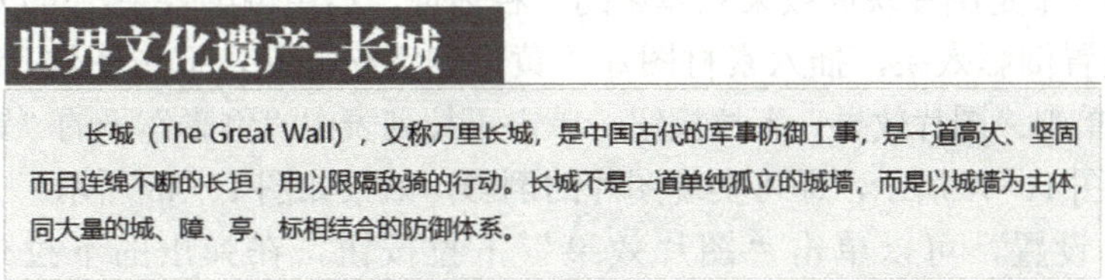

图 11-42　方正粗宋简体（标题）+微软雅黑（正文）

方正粗宋简体是会议场合使用的字体，庄重严谨，铿锵有力，显示出一种威严与规矩。

经典搭配 3：方正粗倩简体（标题）+微软雅黑（正文）。此搭配适合使用在企业宣传、产品展示类场合，如图 11-43 所示。

图 11-43　方正粗倩体（标题）+微软雅黑（正文）

方正粗倩简体不仅有分量，而且有几分温柔与洒脱，让画面显得足够鲜活。

经典搭配 4：方正稚艺简体（标题）+微软雅黑（正文）。此搭配适合于卡通、动漫、娱乐等活泼一点的场合，如图 11-44 所示。

图 11-44　方正稚艺简体（标题）+微软雅黑（正文）

方正稚艺简体轻松活泼，能增加画面的生动感。

此外，微软雅黑（标题）+楷体（正文）或微软雅黑（标题）+宋体（正文）也是常用搭配。

11.4.2　图片效果的应用

WPS 演示有强大的图片处理功能，下面介绍一些图片处理功能。

（1）图片相框效果

WPS 演示可以借助图片轮廓与图片效果功能实现精美的相框效果，具体方法如下。

11-7
图片效果的应用

打开 WPS 演示文稿，插入素材图片"黄山迎客松.jpg"，双击图像，然后在"图片工具"选项卡中，单击"图片轮廓"下拉按钮，设置边框轮廓主题颜色为浅灰色（灰色 25%），设置"边框粗细"为 6 磅。单击"图片效果"下拉按钮中，在"阴影"中选择"右下斜偏移"效果，如图 11-45 所示，复制图片并进行移动与旋转，效果如图 11-46 所示。

（2）图片倒影效果

图片的倒影效果是图片映像效果立体化的一种体现，运用倒影效果，可以给人更加强烈的视觉冲击。要设置倒影效果，插入素材图片"黄山迎客松.jpg"，双击图像，然后在"图片工具"选项卡中，单击"图片效果"下拉按钮，单击下拉列表中"倒影"下的"紧密倒影，4pt 偏移量"按钮，如图 11-47 所示，即可实现图片的倒影，效果如图 11-48 所示。

细节方面的设置，可以单击"图片效果"下拉按钮，在弹出的下拉列表中选择"更多设置"选项；或者双击图片，在"对象属性"任务窗格中的"效果"标签栏中进行具体设置。

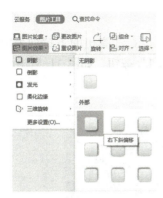

图 11-45 设置"阴影"效果

图 11-46 设置阴影后的相框效果

图 11-47 设置"倒影"效果

图 11-48 倒影效果

（3）图片透视效果

完成素材（"黄山迎客松.jpg"）的倒影效果设置后，单击图片，在"图片工具"选项卡中，单击"图片效果"下拉按钮，单击下拉列表中"三维旋转"中的"右透视"按钮，如图 11-49 所示，即可实现图片的倒影，效果如图 11-50 所示。

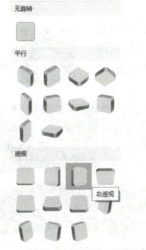

图 11-49 设置"右透视"三维旋转

图 11-50 倒影后再设置右透视效果

（4）利用裁剪实现个性形状

在 WPS 演示文稿中插入的图片形状一般是矩形的，通过裁剪功能可以将图片更换成任意的自选形状,以适应多图排版。

双击素材图片"黄山迎客松.jpg",单击"裁剪"按钮,在弹出的下拉列表中,默认为"按形状裁剪"选项,选择"按比例选择"选项,单击"1:1"按钮,如图 11-51 所示,即可将素材裁剪为正方形,如图 11-52 所示。

图 11-51　设置以 1:1 比例裁剪　　　　　　图 11-52　裁剪后的正方形效果

在图 11-51 中,单击"按形状裁剪"选项卡,单击"基本形状"中的"泪滴形"按钮,选择"泪滴形"(如图 11-53 所示),裁剪后的效果如图 11-54 所示。

图 11-53　设置裁剪形状为"泪滴形"　　　　图 11-54　裁剪后的泪滴形图片效果

11.4.3　多图排列技巧

当一页 WPS 演示文稿中有天空与大地两幅图像时,把天空放到大地的上方会显得更协调,如图 11-55 所示。当文稿中出现两幅大地图像时,两张图片的地平线应在同一直线上,看起来会更和谐,如图 11-56 所示。

11-8
多图排列技巧

图 11-55　天空与大地　　　　　　　　　　图 11-56　两幅图像的地平线一致

对于多张人物图片,将人物的眼睛置于同一水平线上时看起来更舒服。这是因为在面对一个人时一定是先看他的眼睛，当这些人物的眼睛处于同一水平线上时，视线在四张图片间移动时更平稳流畅，如图 11-57 所示。

另外，视线的移动会随着图片中人物视线的方向移动的，所以，处理好图片中人物与 WPS 演示文稿内容的位置关系非常重要，如图 11-58 所示。

图 11-57　多个人物的视线在一条线上

图 11-58　WPS 演示文稿内容在视线的方向

对单个人物与文字进行排版时，人物的视线应看向文字。使用两张人物图片时，两人视线相对，可以营造和谐的氛围。

11.4.4　WPS 演示文稿界面设计的 CRAP 原则

CRAP 是罗宾·威廉斯提出的基本设计原理，主要凝练为 Contrast（对比）、Repetition（重复）、Alignment（对齐）、Proximity（亲密性）四个基本原则。

11-9 幻灯片排版的 CRAP 原则

下面介绍如何运用界面设计的 CRAP 原则。原 WPS 演示文稿效果如图 11-59 所示，首先运用"方正粗宋简体（标题）+微软雅黑（正文）"字体搭配，效果如图 11-60 所示。

图 11-59　原页面效果

图 11-60　使用"粗宋+微软雅黑"字体搭配后的效果

下面介绍运用 CRAP 原则修改界面的方法。

1. 亲密性（Proximity）

彼此相关的项应当靠近，使它们成为一个视觉单元，而不是散落的孤立元素，从而减少混乱。要有意识地注意观众（自己）是怎样阅读的，视线怎样移动，从而确定元素的位置。

目的：根本目的是实现元素的组织紧凑，使页面留白更美观。

实现：将页面中同类元素或紧密相关的元素，依据逻辑的相关性，归组合并。

注意：不要只因为有页面留白就把元素放在角落或者中部，避免一个页面上有太多孤立的元素，不要在元素之间留置同样大小的空白，除非各组同属于一个子集，不属于一组的元素之间不要建立紧凑的群组关系。

本案优化：案例中包含 3 层意思，标题为"大规模开放在线课程"，其下包含了两部分内容：中国大学 MOOC（慕课）平台介绍和学堂在线平台介绍。根据"亲密性"原则，把相关联的信息互相靠近。注意：在调整内容时，标题为"大规模开放在线课程"与"中国大学 MOOC（慕课）"，以及"中国大学 MOOC（慕课）"与"学堂在线"之间的间距要相等，而且间距一定要拉开，让观众清楚地感觉到这个页面分为三个部分，页面效果如图 11-61 所示。

2. 对齐（Alignment）

任何元素都不能在页面上随意摆放，每个素材都与页面上的另一个元素有某种视觉联系（例如，并列关系），可建立一种清晰、精巧且清爽的外观。

目的：使页面统一而且有条理，不论创建精美的、正式的、有趣的还是严肃的外观，通常都可以利用对齐来达到目的。

实现：要特别注意元素放在哪里，在页面上找出与之对齐的元素。

问题：要避免在页面上混合使用多种文本对齐方式，尽量避免居中对齐，除非有意创建一种比较正式、稳重的效果。

本案优化：运用"对齐"原则，将"大规模开放在线课程""中国大学 MOOC（慕课）""学堂在线"对齐，将"中国大学 MOOC（慕课）""学堂在线"的图片左对齐，将"中国大学 MOOC（慕课）""学堂在线"的文字内容左对齐，将图片与内容顶端对齐，最终达到清晰、精巧、清爽的呈现效果，界面如图 11-62 所示。

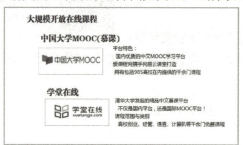 

图 11-61　运用"亲密性"原则修改后的效果　　　图 11-62　运用"对齐"原则修改后的效果

技巧：在实现对齐的过程中可以使用"视图"选项卡中的"标尺""网格线""参考线"来辅助对齐，例如图 11-62 中的虚线就是"参考线"。也可以使用"开始"选项卡中"绘图"功能组中的"排列"，实现元素的"左对齐""右对齐""左右居中""顶端对齐""底端对齐""上下居中"，此外，还可以运用"横向分布"与"纵向分布"实现各个元素的等间距分布。

3. 重复（Repetition）

当设计中的视觉要素在整个作品中重复出现，可以利用重复的颜色、形状、材质、空间关系、线宽、字体、大小和图片增加条理性。

目的：统一并增强视觉效果，如果一个作品看起来很统一，往往更易于阅读。

实现：为保持并增强页面的一致性，可以增加一些重复的设计元素；创建新的重复元素，来增加设计的效果并提高信息的条理性。

问题：避免过多地重复一个元素，应注意体现对比性。

本案优化：将本例中"大规模开放在线课程""中国大学 MOOC（慕课）""学堂在线"标题文本字体加粗，或者更换颜色；将两张图片左侧添加同样的"橙色"矩形条；将两张图片的边框修改为"橙色";在"中国大学 MOOC(慕课)""学堂在线"同样的位置添加一条虚线;在"中国大学 MOOC(慕课)"与"学堂在线"文本前方添加图标,如图 11-63 所示。通过这些调整将"中国大学 MOOC(慕课)"与"学堂在线"的内容更加紧密地联系在了一起,很好地加强了版面的条理性与统一性。

4．对比（Contrast）

在不同元素之间建立层级结构,让页面元素具有截然不同的字体、颜色、大小、线宽、形状、空间等,从而增加版面的视觉效果。

目的：增强页面效果,有助于重要信息的突出。

实现：通过字体选择、线宽、颜色、形状、大小、空间等来增强对比度;对比一定要强烈。

问题：容易犹豫,不敢加强对比,如果要形成对比,就需要加强对比。

本案优化：将标题文字"大规模开放在线课程"再次放大；还可以将标题增加色块衬托,更换标题的文字颜色,例如修改为白色等。将"中国大学 MOOC(慕课)"中的"平台特色:"标题文本加粗,"学堂在线"中的"清华大学发起的精品中文慕课平台"也加粗；为"中国大学 MOOC(慕课)"中的内容添加"项目符号",突出层次关系,为"学堂在线"的内容也添加同样的项目符号,如图 11-64 所示。

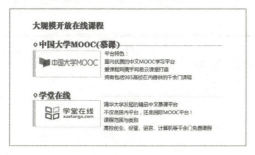

图 11-63　运用"重复"原则修改后的效果

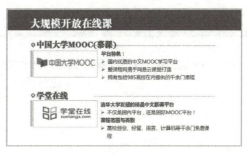

图 11-64　运用"对比"原则修改后的效果

11.5　拓展练习

对以下内容进行提炼,并根据本单元学习的内容制作出全新的幻灯片演示页面。

-- 举例文章 --

标题：我国著名的儿童教育家陈鹤琴

陈鹤琴,是我国著名的儿童教育家。他于 1923 年创办了我国最早的幼儿教育实验中心——南京鼓楼幼稚园⊖,提出了"活教育"理念,一生致力于探索中国化、平民化、科学化的幼儿教育道路。

一、反对半殖民地半封建的幼儿教育,提倡适合国情的中国化幼儿教育。

二、"活教育"理论主要有三大部分：目的论、课程论和方法论。

三、五指活动课程的建构。

四、重视幼儿园与家庭的合作。

-- 结束 --

⊖ 旧称。现称幼儿园。

依据以上内容，制作完成的参考页面效果如图 11-65 所示。

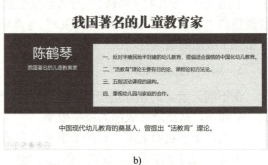

a)　　　　　　　　　　　　　　b)

c)　　　　　　　　　　　　　　d)

图 11-65　依据中文字体的使用规则制作的页面效果

a) 方案 1　b) 方案 2　c) 方案 3　d) 方案 4

案例 12　创业宣传演示文稿制作

12.1　案例简介

12.1.1　案例需求与效果展示

易百米快递作为创业项目典型，创业人刘经理利用 WPS 演示文稿的母版功能与排版功能为自己制作一个演示文稿，效果如图 12-1 所示。

a)　　　　　　　　　　　　　　　　b)

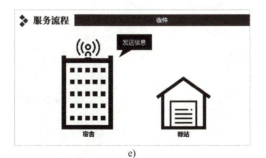

c)　　　　　　　　　　　　　　　　d)

e)　　　　　　　　　　　　　　　　f)

图 12-1　创业宣传演示文稿页面效果
a) 封面　b) 目录　c) 过渡页　d) 正文页 1　e) 正文页 2　f) 封底

12.1.2 案例目标

知识目标：
- 了解幻灯片母版的结构。
- 了解幻灯片母版的作用。

技能目标：
- 掌握 WPS 演示文稿母版与版式的使用方法。
- 掌握封面页、目录页、转场页、内容页、封面页面的制作。

素养目标：
- 提升创新创业意识。
- 强化团队意识和团队协作精神。

12-1 认识母版

12.2 案例实现

本案例主要使用了 WPS 中的母版，结合图文混排来完成整个案例，具体使用方法如下。

12.2.1 认识幻灯片母版

要熟练使用母版的相关功能，就要先认识什么是幻灯片母版。

1）单击"开始"按钮，在"开始"菜单中选择"WPS 演示"命令，在打开的 WPS 演示工作界面中单击"新建标签"按钮即可创建一个空白演示文稿，在快速访问工具栏中，单击"保存"按钮，将文件命名为"创业案例-模板创建演示文稿.dps"。

2）单击"视图"选项卡，然后单击"幻灯片母版"按钮，如图 12-2 所示。

图 12-2　单击"幻灯片母版"按钮

3）系统会自动切换到"幻灯片母版"选项卡，在 WPS 演示中提供了多种样式的母版，包括幻灯片母版、标题幻灯片版式、标题和内容版式、节标题版式等，如图 12-3 所示。

图 12-3　母版的基本结构

4)选择"幻灯片母版",在幻灯片区域中右击,在弹出的快捷菜单中选择"设置背景格式"命令,如图12-4所示,弹出设置背景格式的属性窗格,选择"填充"选项组中的"渐变填充"单选按钮,设置角度为"270.0°",色标颜色为浅灰色向白色的过渡色,如图12-5所示。此时,整个母版的背景色都变为自上而下的白色到浅灰色的渐变色了。

图12-4 右键快捷菜单

图12-5 设置背景格式的属性窗格

12.2.2 标题幻灯片版式的制作

本页面主要采用上下结构的布局,实现方式如下。

1)选择标题幻灯片版式,在"幻灯片母版"选项卡中单击"背景"按钮,弹出设置背景格式的属性窗格,选择"填充"选项组中的"图片或纹理填充"单选按钮,单击"图片填充"下拉按钮,在下拉列表中选择"本地文件"选项,选择素材文件夹中的"封面背景.jpg",单击"打开"按钮后页面效果如图12-6所示。

12-2 标题幻灯片版式的制作

2)单击"插入"选项卡中的"形状"按钮,选择"矩形"栏中的"矩形"选项,绘制一个矩形,双击矩形,切换到"绘图工具"选项卡,单击"填充"下拉按钮,在下拉列表中选择"其他填充颜色"选项,弹出"颜色"对话框,设置形状填充为深蓝色(红色:6,绿色:81,蓝色:146),如图12-7所示,单击"确定"按钮即完成填充颜色的设置,单击"轮廓"下拉按钮,选择"无线条颜色"选项,页面效果如图12-8所示。复制刚刚绘制的蓝色矩形,然后修改其填充色为"橙色",分别调整两个矩形的高度,页面效果如图12-9所示。

图12-6 添加背景图片后的效果

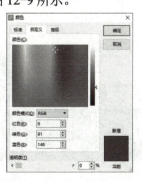

图12-7 设置"颜色"对话框

图 12-8　插入蓝色矩形

图 12-9　插入橙色矩形

3）单击"插入"选项卡，单击"图片"按钮，弹出"插入图片"对话框，选择素材文件夹中的"手机.png"图片，用同样的方法插入"物流.png"图片，调整大小与位置，页面效果如图 12-10 所示。

4）单击"插入"选项卡，单击"图片"按钮，弹出"插入图片"对话框，选择素材文件夹中的"logo.png"图片，调整图片的位置；在"插入"选项卡中，单击"文本框"下拉按钮，在弹出的下拉列表中选择"横向文本框"选项，插入文本"易百米快递"，设置字体为"方正粗宋简体"，文字大小为"44"，同样插入文本"百米驿站——生活物流平台"，设置字体为"微软雅黑"，大小为"24"，调整位置后的页面效果如图 12-11 所示。

图 12-10　插入两幅图片

图 12-11　插入 logo 与企业名称

5）单击"单击此处添加标题"标题占位符，设置字体为"微软雅黑"，字体大小为"88"，标题加粗，文本颜色为深蓝色（红色：6，绿色：81，蓝色：146），设置文本左对齐，设置副标题样式，字体为"微软雅黑"，字体大小为"28"，文本颜色为白色，效果如图 12-12 所示。

6）单击"插入"选项卡，单击"图片"按钮，弹出"插入图片"对话框，选择素材文件夹中的"电话.png"图片，调整图片的位置，单击"文本框"下拉按钮，在弹出的下拉列表中选择"横向文本框"选项，插入文本"全国服务热线：400 0000 000"，设置字体为"微软雅黑"，字体大小为"20"，文本颜色为"白色"，完成的封面版式制作效果如图 12-13 所示。

图 12-12　修改标题占位符

图 12-13　插入电话图标与电话

12.2.3 目录幻灯片版式的制作

本页面主要采用并列结构展示目录中三个方面的内容，实现方式如下。

1）选择标题与内容版式，删除所有占位符，单击"幻灯片母版"选项卡中的"背景"按钮，弹出设置背景格式属性窗格，选择"填充"选项组中的"图片或纹理填充"单选按钮，单击"图片填充"下拉按钮，在下拉列表中选择"本地文件"选项，选择素材文件夹中的"过渡页背景.jpg"，单击"打开"按钮即完成背景的更换。

2）单击"插入"选项卡中的"形状"按钮，选择"矩形"栏中的"矩形"选项，绘制一个矩形，双击矩形，切换到"绘图工具"选项卡，单击"填充"下拉按钮，在下拉列表中选择"其他填充颜色"选项，弹出"颜色"对话框，设置形状填充为深蓝色（红色：6，绿色：81，蓝色：146），放置在页面最下方，页面效果如图12-14所示。

3）采用同样的方法，再次绘制一个矩形，形状填充为深蓝色（红色：6，绿色：81，蓝色：146），轮廓为"无线条颜色"，使用插入文本的方法插入文本"C"，颜色设置为白色，字体为"微软雅黑"，字体大小为"66"，输入文本"ontents"，设置颜色为深灰色，字体为"微软雅黑"，字体大小为"24"，继续插入文本"目录"，设置颜色为深灰色，字体为"微软雅黑"，字体大小为"44"，调整位置后的效果如图12-15所示。

图12-14 设置背景与蓝色矩形

图12-15 插入目录标题

4）单击"插入"选项卡中的"形状"下拉按钮，选择"泪滴形"选项，绘制一个泪滴形，形状填充为深蓝色（红色：6，绿色：81，蓝色：146），设置轮廓为"无线条颜色"，拖动图形上的旋转手柄将旋转对象顺时针旋转90°；单击"插入"选项卡，单击"图片"按钮，弹出"插入图片"对话框，选择素材文件夹中的"logo.png"图片，调整图片的位置，继续插入文本"项目介绍"，设置颜色为深灰色，字体为"微软雅黑"，字体大小为"40"，调整其位置后的效果如图12-16所示。

5）复制刚刚绘制的泪滴形，将形状填充为"浅绿"，继续插入素材文件夹中的"图标1.png"，调整图片的位置，继续插入文本"服务流程"，设置颜色为深灰色，字体为"微软雅黑"，字体大小为"40"，调整其位置后的效果如图12-17所示。

6）继续复制刚刚绘制的泪滴形，将形状填充为"橙色"，继续插入素材文件夹中的"图标2.png"，调整图片的位置，插入文本"分析对策"，设置颜色为深灰色，字体为"微软雅黑"，字体大小为"40"，此时的效果如图12-1b所示。

图 12-16　插入项目介绍图标和文字　　　　图 12-17　插入服务流程图标和文字

12.2.4　过渡页幻灯片版式的制作

过渡页幻灯片版式也称转场版式，主要使用在章节的封面，具体实现方式如下。

12-4
过渡页幻灯片版式的制作

1）选择标题与内容版式，删除所有占位符，单击"插入"选项卡，单击"图片"按钮，弹出"插入图片"对话框，选择素材文件夹中的"过渡页背景.jpg"图片，调整图片的位置，实现背景图的效果。

2）单击"插入"选项卡中的"形状"按钮，选择"矩形"栏中的"矩形"选项，绘制一个矩形，双击矩形，切换到"绘图工具"选项卡，单击"填充"下拉按钮，在下拉列表中选择"其他填充颜色"选项，弹出"颜色"对话框，设置形状填充为深蓝色（红色：6，绿色：81，蓝色：146），单击"轮廓"下拉按钮，选择"无线条颜色"选项，调整矩形框的大小与位置，采用同样的方法复制一个矩形，调整后的页面效果如图 12-18 所示。

3）使用插入图片的方法，分别插入素材文件夹中的图片"logo.png"和"合作.jpg"，调整图片的位置，页面效果如图 12-19 所示。

图 12-18　插入矩形　　　　　　　　　　图 12-19　插入图片后的效果

4）采用插入文本的方法分别插入"Part 1"和"项目介绍"文本，设置颜色为深灰色，字体为"微软雅黑"，字体调整为适当大小，此时的效果如图 12-1c 所示。

5）复制过渡页"项目介绍"页面的版式，调整占位符中的文字，制作"服务流程"与"分析对策"两个过渡页页面。

12.2.5　正文页幻灯片版式的制作

正文页幻灯片版式主要使用幻灯片的具体内容，便于统一整体风格，具体实现方式如下。

12-5
正文页幻灯片版式的制作

1）选择一个普通版式页面，例如"仅标题 版式"，删除除"单击此处编辑母版标题样式"以外的其他占位符，单击"插入"选项卡中的"形状"按钮,选择"矩形"栏中的"矩形"选项,按住〈Shift〉键的同时在页面中拖动鼠标绘制一个正方形,形状填充为深蓝色(红色:6,绿色:81,蓝色:146),形状轮廓为"无线条颜色",拖动图形上的旋转手柄将旋转对象顺时针旋转 45°,最后复制两个正方形,调整大小与位置,页面效果如图 12-20 所示。

2)选择"单击此处编辑母版标题样式"标题占位符,设置标题样式,字体为"方正粗宋简体",文字大小为 36,颜色为深蓝色(红色:6,绿色:81,蓝色:146),调整文本位置,页面效果如图 12-21 所示。

图 12-20 插入内容页图标

图 12-21 设置内容页标题样式

12.2.6 封底幻灯片版式的制作

封底幻灯片版式主要使用幻灯片的最后一页,用于表达感谢等信息,具体实现方法如下。

12-6 封底幻灯片版式的制作

1)选择一个普通版式页面,例如"空白 版式",删除所有占位符,单击"插入"选项卡,单击"图片"按钮,弹出"插入图片"对话框,选择素材文件夹中的"商务合作.png"图片,调整图片的位置,添加背景图后的效果如图 12-22 所示。

2)将标题幻灯片版式中的 logo 图标与项目名称相关文字直接通过复制的方式粘贴到封底版式中,调整位置后的页面效果如图 12-23 所示。

图 12-22 插入"商务合作.png"图片

图 12-23 复制 logo 与项目名称

3)使用插入文本的方法插入文本"谢谢观赏",设置字体为"微软雅黑",字体大小为"80",颜色为"深蓝色"(红色:6,绿色:81,蓝色:146),在"文本工具"选项卡中单击"B"按钮设置文字"加粗",单击"S"按钮设置"文字阴影"效果。

4)使用插入图片的方法插入素材文件夹中的图"电话 2.png",调整图片的位置,插入文本"全国服务热线:400-0000-000",设置字体为"微软雅黑",字体大小为"20",颜色为"深蓝色",此时的效果如图 12-1f 所示。

12.2.7 版式的使用

版式制作完成后,接下来用版式制作所需页面,具体使用方法如下。

1)单击"幻灯片母版"选项卡,单击"关闭"按钮,关闭母版视图进入"普通视图",在第一页"标题页"中单击"单击此处添加标题"占位符后,输入"创业项目介绍",单击"单击此处添加副标题"占位符,输入"汇报人:刘经理",此时页面效果如图 12-1a 所示。

2)在"开始"选项卡中单击"新建幻灯片"按钮,创建一个新页面,默认情况下为版式中的"目录"版式。

3)再创建一个新页面,仍然是"目录"版式,此时,在页面中右击,弹出快捷菜单,选择"幻灯片版式"命令,默认为"标题和内容",选择"节标题"即可完成版式的修改,如图 12-24 所示。

4)创建一个新页面,为节标题版式,此时继续在页面中右击,弹出快捷菜单,选择"幻灯片版式"命令,选择"两栏内容"版式。

5)采用同样的方法即可实现本案例的所有页面,然后根据实际需要制作所需的页面即可,使用版式创建的最终页面如图 12-25 所示。

图 12-24 版式的修改

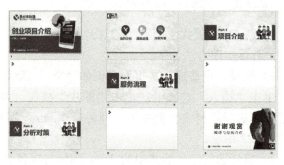

图 12-25 使用版式创建的最终页面效果

12.3 案例小结

通过易百米快递创业项目介绍案例演示文稿的制作,全面学习了关于版式的应用。版式对演示文稿来讲就是它的外包装,一个演示文稿的模板至少需要三个子版式:封面版式、目录或过渡页版式、正文页版式。封面版式主要用于演示文稿的封面,过渡页版式主要用于章节封面,正文页版式主要用于演示文稿的内容页面,此外可以加入封底版式。其中封面版式与正文页版式一般都是必需的,而较短的演示文稿可以不设计过渡页。

12.4 经验技巧

12.4.1 封面设计技巧

演示文稿的封面是浏览者第一眼看到的演示页面,直击观众的第一印象。通常情况下，封面页主要起到突出主题的作用，具体内容主要包括标题、作者、公司、时间等信息，不必过于花哨。

演示文稿的封面设计一般为文本型或图文并茂型。

（1）文本型

如果没有搜索到适合的图片，也可以通过文字的排版制作出效果不错的封面，为了防止页面单调，可以使用渐变色作为封面的背景，效果如图 12-26 所示。

图 12-26　单色背景的文本型与渐变色背景的文本型封面

a) 单色背景　b) 渐变色背景

除了文本，也可以使用色块来做衬托，凸显标题内容，注意在色块交接处使用彩色线条调和界面，这样能使界面更加协调，效果如图 12-27 所示。

图 12-27　色块与色条背景的文本型封面

a) 色块背景　b) 色条背景

另外，还可以使用不规则图形来打破静态布局，获得动感，效果如图 12-28 所示。

图 12-28　不规则色块背景的文本型封面

（2）图文并茂型

运用图片，可使界面更加清晰、美观，使用小图能使画面更聚焦，引起观众的注意。注意：图片的使用一定要切题，这样才能迅速抓住观众，突出汇报的重点，如图 12-29 所示。

图 12-29　小图与文本搭配的图文并茂型封面

还可以使用半图的方式制作封面，具体方法是将一张大图进行裁切，大图往往能够带来较好的视觉冲击力。使用半图时，则尽量减少使用其他复杂图形，使重点更加突出，如图 12-30 所示。

图 12-30　半图图文并茂型封面

全图封面是指将图片铺满整个页面，然后把文本放置到图片上，以达到突出文本的目的。可以采用修改图片的亮度，局部虚化图片。也可以在图片上添加半透明或者不透明的形状作为背景，以使文字更加清晰。

读者可依据以上方法，制作全图演示文稿封面，如图 12-31 所示。

图 12-31　全图图文并茂型封面

12.4.2 导航系统设计技巧

演示文稿的导航系统的作用是展示演示的目录及进度,使观众能清晰把握整个演示文稿的脉络和汇报的节奏。对于较短的演示文稿来讲,可以不设置导航系统,但要认真设计好内容,使整个演示的节奏紧凑、脉络清晰。对于较长的演示文稿设计逻辑结构清晰的导航系统是很有必要的。

12-9 导航系统设计技巧

通常,演示文稿的导航系统主要包括目录和过渡页,此外,还可以设计页码与导航条。

(1) 目录设计

演示文稿目录的设计目的是让观众全面清晰地了解整个演示文稿的架构。因此,好的演示文稿就是要一目了然地将架构呈现出来。实现该目的的核心就是将目录内容与逻辑图标实现高度融合。

传统的目录设计主要运用图形与文字的组合,如图 12-32 所示。

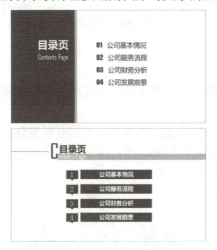

图 12-32　图形与文字组合的传统型目录

图文混合型目录主要采用一幅图片配合一行文本的设计形式,如图 12-33 所示。

图 12-33　图片与文字组合的图文混合型目录

综合型目录更具有创新性。采用这种设计形式时要充分考虑整个演示文稿的风格与特点，对页面、色块、图片、图形等元素进行综合应用，如图 12-34 所示。

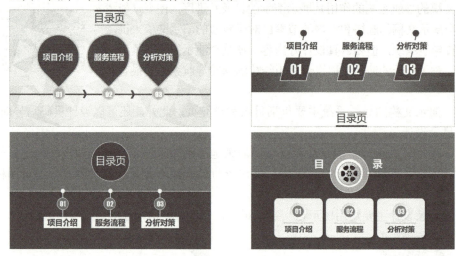

图 12-34 综合型目录

（2）过渡页设计

设计过渡页的目的在于提醒观众新的篇章开始，告知整个演示的进度，有助于观众集中注意力，起到承上启下的作用。

过渡页与目录在颜色、字体、布局等方面应保持一致，局部布局可以有所变化。如果过渡页与目录页面一致的话，可以在页面的饱和度上变化，例如，当前演示的部分使用彩色，不演示的部分使用灰色。也可以独立设计过渡页，如图 12-35 所示。

图 12-35 过渡页设计

（3）导航条设计

导航条的主要作用在于让观众了解演示进度。较短的演示文稿不需要导航条，只有在演示较长的演示文稿时需要设计导航条。导航条的设计非常灵活，可以放在页面的顶部，也可以放在页面的底部，当然，放到页面的两侧也可以。

在表达方式方面，导航条可以使用文本、数字或者图片等元素表达。导航条的页面设计效果如图 12-36 所示。

图 12-36　导航条的页面设计效果

12.4.3　正文页设计技巧

正文页包括标题栏与内容区域两个部分。标题栏是展示演示文稿标题的地方，标题表达信息更精简、更准确。在正文页的模板中标题一般放在固定的、醒目的位置，使内容更突出。

标题栏一定要简约、大气，最好具有设计感或商务风格。标题栏中相同级别标题的字体和位置要保持一致。依据大多数人的浏览习惯，建议把标题放在页面的上方。标题栏下方为内容区域，用来放置演示文稿的具体内容。

正文页的常规表达方法有，图标提示、点式、线式、图形、图片图形结合等。正文页的页面设计效果如图 12-37 所示。

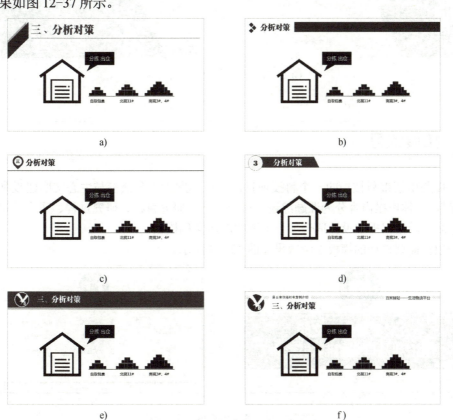

图 12-37　正文页的页面设计效果

a) 图标提示　b) 点式　c) 线式　d) 图形　e) 图片图形结合 1　f) 图片图形结合 2

12.4.4 封底设计技巧

封底通常用来表达感谢和保留作者信息，为了保持演示文稿在整体风格上的完整与统一，设计与制作封底是有必要的。

封底的设计风格要和封面保持一致，尤其是在颜色、字体、布局等方面要和封面保持一致，封底使用的图片也要与演示文稿主题保持一致。如果觉得设计封底太麻烦，可以在封面的基础上进行修改。封底的页面设计效果如图 12-38 所示。

图 12-38　封底的页面设计效果

12.5　拓展练习

于教授要申请市科技局的一个科技项目，项目标题为"公众参与生态文明建设利益导向机制的探究"，具体申报内容分为课题综述、目前现状、研究目标、研究过程、研究结论、参考文献 6 个方面。现根据需求设计适合项目主题的演示文稿模板。

依据项目需要设计的模板参考效果如图 12-39 所示。

a)

b)

图 12-39　项目申报模板设计效果

a) 封面　b) 目录

图 12-39 项目申报模板设计效果（续）
c) 正文页 1　d) 正文页 2　e) 过渡页　f) 封底

案例 13　汽车行业数据图表演示文稿制作

13.1 案例简介

13.1.1 案例需求与效果展示

汽车爱好者协会发布了 2021 年度的中国汽车行业数据，依据部分文档内容制作相关演示文稿。本案例文本可参考素材文件夹中的"2021 年度中国汽车数据发布.docx"文件。核心内容如下。

案例标题：2021 年度中国汽车数据发布

声明：不对数据准确性解释，仅供教学案例使用。

全国机动车的保有量到底有多少？其中私家车有多少？据网络数据统计显示，截至 2021 年底，全国机动车保有量达 3.95 亿辆，其中汽车 3.02 亿辆。

近五年机动车保有量情况（单位：亿辆）				
2017 年	2018 年	2019 年	2020 年	2021 年
3.10	3.27	3.48	3.72	3.95
近五年机动车驾驶人数情况（单位：亿人）				
2017 年	2018 年	2019 年	2020 年	2021 年
3.60	4.10	4.36	4.56	4.81

1. 私人轿车有多少？

2021 年全国机动车保有量为 3.95 亿辆，比 2020 年增加 2350 万辆，增长 6.32%。2021 年，私人轿车保有量 2.43 亿辆，比 2020 年增加 1758 万辆。2020 年，全国平均每百户家庭拥有 37.1 辆私人轿车，2021 年，全国平均每百户家庭拥有 43.2 辆私人轿车。

2. 今年新增汽车多少？

2017 年底，全国机动车保有量达 3.10 亿辆；2018 年底，全国机动车保有量达 3.27 亿辆；2019 年底，全国机动车保有量达 3.48 亿辆；2020 年底，全国机动车保有量达 3.72 亿辆；2021 年底，全国机动车保有量达 3.95 亿辆。2020 年，新注册登记的汽车达 2424 万辆，比 2019 年减少 153 万辆，下降 5.95%。2021 年，新注册登记机动车 3674 万辆，同比增长 10.38%。

3. 新能源车有多少？

2021 年全国新能源汽车保有量达 784 万辆，比 2020 年增加 292 万辆，增长 59.25%。其中，纯电动汽车保有量 640 万辆，比 2020 年增加 240 万辆，占新能源汽车总量的 81.63%。2021 年全国新注册登记新能源汽车 295 万辆，占新注册登记汽车总量的 11.25%，比上年增加

178万辆，增长151.61%。近五年，新注册登记新能源汽车数量从2017年的65万辆到2021年的295万辆，呈高速增长态势。

4. 多少城市汽车保有量超百万？

截至2020年底，北京、成都、重庆、苏州、上海、郑州、西安、武汉、深圳、东莞、天津、青岛、石家庄13市汽车保有量超过300万辆。2021年，全国79个城市汽车保有量超过100万辆，同比增加9个城市；35个城市超200万辆；20个城市超300万辆，其中北京、成都、重庆超过500万辆。

截至2020年底，汽车保有量超过300万的城市（2021年数据正在统计中）。

汽车保有量超过300万辆的城市（单位：万辆）												
北京	成都	重庆	苏州	上海	郑州	西安	武汉	深圳	东莞	天津	青岛	石家庄
603	545	504	443	440	403	373	366	353	341	329	314	301

5. 驾驶员有多少？

2021年，全国机动车驾驶人数量达4.81亿人，其中汽车驾驶人达4.44亿人。新领证驾驶人2750万人，同比增长23.25%。从性别看，男性驾驶人3.19亿人，女性驾驶人1.62亿人，男女驾驶人比例为1.97∶1。

依据本案设计，实现的页面效果如图13-1所示。

a)

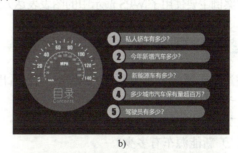
b)

c)

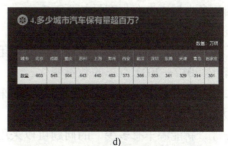
d)

e)

f)

图13-1　案例整体效果

a) 封面　b) 目录　c) 过渡页　d) 正文页1　e) 正文页2　f) 封底

13.1.2 案例目标

知识目标：
- 了解图表的分类与作用。
- 了解图表的使用方法。

技能目标：
- 使用 WPS 演示中的表格来展示数据。
- 使用 WPS 演示中的图表来展示数据。
- WPS 演示中图表表达数据的方法与技巧。

素养目标：
- 增强分析问题、解决问题的能力。
- 提升学生自我学习的能力。

13.2 案例实现

本案例主要使用了 WPS 演示中的图表表达方法、艺术字的设计与应用等，具体使用方法如下。

13.2.1 案例分析

通过汽车爱好者协会发布的数据，可以看出本案例主要想介绍五个方面的内容：

（一）私人轿车有多少？

（二）今年新增汽车多少？

（三）新能源车有多少？

（四）多少城市汽车保有量超百万？

（五）驾驶员有多少？

第一，"私人轿车有多少"的问题可以采用图形绘制的方式实现，例如，使用绘制汽车图形的方法表达 2017—2021 汽车的数量变化。

第二，"今年新增汽车多少"的问题可以采用图形与文本相结合的方式去实现，例如，使用圆圈的大小表示数量的多少。

第三，"新能源车有多少"的问题可以采用"数据表"的方式表达，例如，新能源汽车保有量达 784 万辆，比 2020 年增加 292 万辆，增长 59.25%。其中，纯电动汽车保有量 640 万辆，比 2020 年增加 240 万辆，占新能源汽车总量的 81.63%。

第四，"多少城市汽车保有量超 300 万"的问题可以采用数据表格的方式表达，也可以采用数据图表的方式表达。

第五，"驾驶员有多少"的问题，针对男女驾驶员的比例可以采用饼图来表达，也可以通过绘制圆形来表达。近五年机动车驾驶人数量情况可以采用人物的卡通图标来表达。

13.2.2 封面与封底的制作

经过设计，整个页面的封面与封底页面相似，都是选择汽车作为

13-1
封面与封底的设计

背景图片，然后在汽车上方放置标题文本和发布信息的单位。具体制作过程如下。

1）单击"开始"按钮，在"开始"菜单中选择"WPS 演示"命令，在打开的 WPS 演示工作界面中单击"新建标签"按钮即可创建一个空白演示文稿，在快速访问工具栏中，单击"保存"按钮，将文件命名为"2021年度中国汽车数据发布.dps"。

2）单击"视图"选项卡，单击"幻灯片母版"按钮，系统会自动切换到"幻灯片母版"选项卡，选择"幻灯片母版"，单击"背景"按钮，弹出设置背景格式的属性窗格，选择"填充"选项组中的"纯色填充"单选按钮，单击"颜色"下拉按钮，选择"更多颜色"选项，设置自定义颜色为深蓝色（红色：0，绿色：35，蓝色：116），单击"关闭"按钮，退出"幻灯片母版"选项卡。

3）选择第一页"标题页"幻灯片，单击鼠标右键，选择"设置背景格式"命令，弹出"对象属性"窗格，选择"填充"选项组中的"图片与纹理填充"单选按钮，单击"图片填充"下拉按钮，选择"本地文件"选项，选择素材文件夹中的"汽车背景.jpg"作为背景图片，插入后的效果如图 13-2 所示。

4）在"插入"选项卡中，单击"文本框"下拉按钮，在弹出的下拉列表中选择"横向文本框"选项，拖动鼠标即可绘制一个横向文本框，在其中输入"2021年度中国汽车数据发布"，选中输入的文本，在"开始"选项卡或者"文本工具"选项卡中，设置字体为"方正粗宋简体"，字体大小为"60"，文本颜色为白色。

5）单击"插入"选项卡中的"形状"按钮，选择"矩形"栏中的"矩形"选项，在页面中拖动鼠标绘制一个矩形，设置矩形填充为浅蓝，边框设置为"无线条颜色"，选择矩形并右击，选择"编辑文字"命令，输入文本"发布单位"，设置文字为白色，字体为"微软雅黑"，字体大小为 20，水平居中对齐，调整位置后的页面如图 13-3 所示。

图 13-2　设置背景图片的效果

图 13-3　插入文本与矩形框的效果

6）复制刚刚绘制的矩形框，设置背景颜色为蓝色，修改文本内容为"汽车爱好者协会"，调整位置后效果如图 13-1a 所示。

7）复制封面幻灯片，修改"2021年度中国汽车数据发布"为"谢谢大家"，然后调整位置，封底页面就制作完成了，效果如图 13-1f 所示。

13.2.3　目录的制作

1. 目录页面效果实现分析

本页面设计采用左右结构，左侧绘制一个汽车的仪表盘，形象地

13-2
目录的制作

体现汽车这个主体，右侧采用图像加文字表现要讲解的 5 个方面的内容，设计示意图如图 13-4 所示。

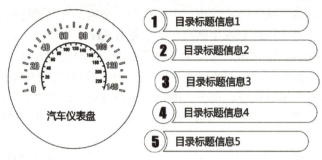

图 13-4　目录设计示意图

2. 目录页面左侧仪表盘的制作过程

1）单击"开始"选项卡中的"新建幻灯片"按钮，新建一个幻灯片，单击"插入"选项卡中的"形状"按钮，选择"基本形状"中的"椭圆"选项，按住〈Shift〉键的同时在页面中拖动鼠标绘制一个圆形，设置形状填充为蓝色，边框也设置为"无线条颜色"，调整大小与位置，如图 13-5 所示。

2）单击"插入"选项卡，单击"图片"按钮，弹出"插入图片"对话框，选择素材文件夹中的"表盘 1.png"图片，调整图片的位置与大小，页面如图 13-6 所示。

　　图 13-5　插入圆形

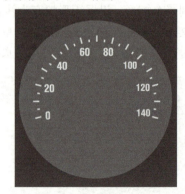
　　图 13-6　插入表盘 1 图片

3）继续插入"表盘 2.png"与"表针.png"图片，通过方向箭头调整两幅图片的大小与位置，页面如图 13-7 所示。

4）在"插入"选项卡中，单击"文本框"下拉按钮，在弹出的下拉列表中选择"横向文本框"选项，拖动鼠标绘制一个横向文本框，在其中输入"目录"，设置字体大小为 40；字体为"幼圆"，颜色为蓝色；采用同样的方法插入文本"Contents"设置文本：字体大小为 20，字体为"Arial"，颜色为浅蓝；继续复制文本"Contents"，修改文本为"MPH"，设置字体大小为 20，字体为"Arial"，颜色为白色；继续复制文本"Contents"，修改文本为"km/h"，字体大小为 14，颜色为白色，调整位置后的效果如图 13-8 所示。

3. 目录页面右侧图形的制作过程

1）单击"插入"选项卡中的"形状"按钮，选择"基本形状"中的"椭圆"选项，按住〈shift〉键的同时在页面中拖动鼠标绘制一个圆形，设置形状填充为蓝色，边框设置为"无线条颜色"，调整大小与位置，如图 13-9 所示。

图 13-7　插入表盘 2 与表针图片

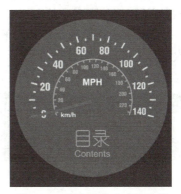
图 13-8　插入表盘文本的效果

2）在"插入"选项卡中，单击"文本框"下拉按钮，在弹出的下拉列表中选择"横向文本框"选项，拖动鼠标绘制一个横向文本框，在其中输入文本"1"，设置字体大小为 36；字体为"Impact"，颜色为深蓝色（红色：0，绿色：35，蓝色：116），把文字放置到蓝色圆圈的上方，调整其位置与大小，效果如图 13-9 所示。

3）选择蓝色圆形与文本，按住〈Ctrl〉键，拖动鼠标即可同时复制图形与文本，修改文本内容，创建其他目录项目号，如图 13-10 所示。

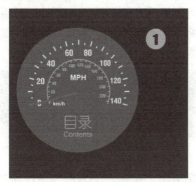
图 13-9　插入圆形与文本

图 13-10　复制其他图形元素

4）按住〈shift〉键，先选择蓝色圆圈，再选择数字"1"，单击"绘图工具"选项卡中的"合并形状"下拉按钮（如图 13-11 所示）。选择下拉列表中的"组合"选项（如图 13-12 所示），即可完成两个图像的组合。依次选择其他圆圈与数字，分别进行组合。

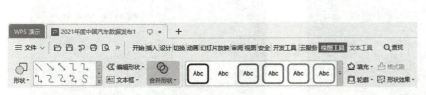

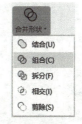

图 13-11　单击合并形状下拉按钮　　　　　　　图 13-12　选择"组合"选项

5）单击"插入"选项卡中的"形状"按钮，选择"基本形状"中的"椭圆"选项，按住〈shift〉键分别绘制一个白色的圆形和一个蓝色的圆形；选择"矩形"工具，绘制一个矩形（注意：绘制矩形的高度尽量与右侧圆圈的高度一致），如图 13-13 所示。

6）选择右侧的矩形与圆形，单击"绘图工具"选项卡中的"对齐"下拉按钮，选择"靠上对齐"选项，然后选择右侧圆形，使其水平向左移动与矩形重叠，先选择圆形，按住〈Shift〉键的同时，再次选择矩形，如图 13-14 所示，单击"绘图工具"选项卡中的"合并形状"下拉按钮，单击下拉菜单中的"结合"形状按钮，即可完成两个图像的合并操作，如图 13-15 所示。

图 13-13　绘制所需的图形

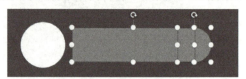

图 13-14　选择矩形与右侧圆形

7）选择左侧的圆形与刚刚合并的图形，单击"绘图工具"选项卡中的"对齐"下拉按钮，选择"垂直居中"选项，选择左侧圆形，使其水平向右移动与矩形重叠，如图 13-16 所示。

图 13-15　合并后的图形

图 13-16　设置圆形与新图形的位置

8）先选择合并后的形状，按住〈Shift〉键的同时再选择左侧圆形，如图 13-17 所示，单击"绘图工具"选项卡中的"合并形状"下拉按钮，选择下拉列表中的"剪除"选项，即完成两个图像的剪除操作，页面效果如图 13-18 所示。

图 13-17　选择两个图形

图 13-18　剪除后的页面效果

9）调整刚刚绘制的图形的位置，在"插入"选项卡中，单击"文本框"下拉按钮，在弹出的下拉列表中选择"横向文本框"选项，拖动鼠标即可绘制一个横向文本框，在其中输入文本"私人轿车有多少？"，设置字体大小为 26；字体为"微软雅黑"，颜色为白色，调整其位置，如图 13-19 所示。

10）复制图形与文本框，替换其文字为"今年新增汽车多少？"，页面效果如图 13-20 所示。

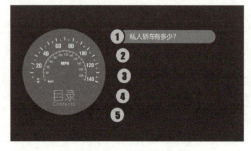

图 13-19　目录的选项 1

图 13-20　修改文字后的目录

11）依次添加其他文字内容，调整位置后的效果如图 13-1b 所示。

13.2.4 过渡页的制作

本案例中共有 5 个过渡页，通常情况下过渡页的风格是相似的，本例中主要是在设置背景图片后，插入汽车的卡通图形，然后插入数字标题与每个模块的名称。具体制作过程如下。

13-3 过渡页的制作

1）单击"开始"选项卡中的"新建幻灯片"按钮，新建一个幻灯片。

2）单击"插入"选项卡，单击"图片"按钮，弹出"插入图片"对话框，选择素材文件夹中的"卡通汽车形象.png"图片，调整图片的位置与大小，如图 13-21 所示。

3）单击"插入"选项卡中的"形状"按钮，选择"基本形状"中的"椭圆"选项，按住〈Shift〉键的同时在页面中拖动鼠标绘制一个圆形，设置形状填充为浅蓝，边框设置为"无线条颜色"，调整大小与位置。

4）在"插入"选项卡中，单击"文本框"下拉按钮，在弹出的下拉列表中选择"横向文本框"选项，拖动鼠标绘制一个横向文本框，在其中输入文本"1"，设置字体大小为 36；字体为"Impact"，颜色为深蓝色（红色：0，绿色：35，蓝色：116），把文字放置到蓝色圆圈的上方，调整其位置与大小，如图 13-22 所示。

图 13-21 插入卡通汽车形象图片

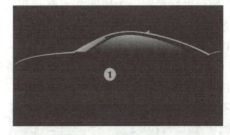
图 13-22 插入标题符号

5）继续在"插入"选项卡中，单击"文本框"下拉按钮，在弹出的下拉列表中选择"横向文本框"选项，拖动鼠标绘制一个横向文本框，在其中输入文本"私人轿车到底有多少？"，选择文本，设置文本：字体大小为 50；字体为"微软雅黑"，颜色为浅蓝，把文字放置到蓝色圆形的下方，调整其位置与大小，如图 13-1c 所示。

13.2.5 数据图表页面的制作

1. 正文页：私人轿车到底有多少？

13-4 图像表达数据表

内容信息：*2021 年全国机动车保有量为 3.95 亿辆，比 2020 年增加 2350 万辆，增长 6.32%。2021 年，私人轿车保有量 2.43 亿辆，比 2020 年增加 1758 万辆。2020 年，全国平均每百户家庭拥有 37.1 辆私人轿车，2021 年，全国平均每百户家庭拥有 43.2 辆私人轿车。*

本例可以通过插入图片的方式来表达数量的变化，具体制作步骤如下。

1）单击"开始"选项卡中的"新建幻灯片"按钮，新建一个 WPS 幻灯片。

2）单击"插入"选项卡，单击"图片"按钮，弹出"插入图片"对话框，选择素材文件夹中的"汽车轮子.png"图片，调整图片的位置与大小，页面如图 13-23 所示。

3）在"插入"选项卡中，单击"文本框"下拉按钮，在弹出的下拉列表中选择"横向文本框"选项，拖动鼠标绘制一个横向文本框，在其中输入文本"1.私家车有多少？"，选择文本，设置字体大小为"36"；字体为"微软雅黑"，颜色为蓝色，把文字放置到汽车轮子图片的右侧，调整其位置，页面如图13-24所示。

图13-23 插入图片

图13-24 插入标题文字

4）单击"插入"选项卡，单击"图片"按钮，弹出"插入图片"对话框，选择素材文件夹中的"汽车1.png"图片，调整图片的位置与大小，复制7个汽车图片，设定第1个与第8个汽车图片的位置，单击"绘图工具"选项卡中的"对齐"下拉按钮，选择"横向分布"选项；继续在"插入"选项卡中，单击"文本框"下拉按钮，在弹出的下拉列表中选择"横向文本框"选项，拖动鼠标绘制一个横向文本框，在其中输入文本"2020年机动车保有量"，设置字体为"微软雅黑"，颜色为白色，字体大小为32；复制文本，修改文字为"3.7亿辆"，调整文字位置，如图13-25所示。

5）采用同样的方法根据2021年私人轿车的数量，添加9个汽车图片（汽车2.png），页面效果如图13-26所示。

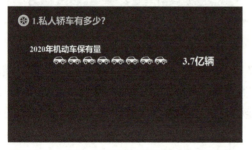
图13-25 插入2020年的汽车图表信息效果

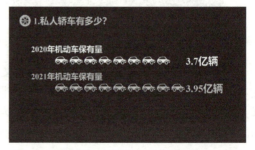
图13-26 插入2021年的汽车图表信息效果

6）单击"插入"选项卡中的"形状"按钮，选择"基本形状"中的"直线"选项，按住〈Shift〉键绘制一条水平直线，设置直线的样式为虚线，颜色为白色。继续在"插入"选项卡中，单击"文本框"下拉按钮，在弹出的下拉列表中选择"横向文本框"选项，拖动鼠标绘制一个横向文本框，在其中输入相关文本，即可完成本页的制作。

2. 正文页：今年新增汽车多少？

内容信息： 2017年底，全国机动车保有量达3.10亿辆；2018年底，全国机动车保有量达3.27亿辆；2019年底，全国机动车保有量达3.48亿辆；2020年底，全国机动车保有量达3.72亿辆；2021年底，全国机动车保有量达3.95亿辆。2020年，新注册登记的汽车达2424万辆，比2019年减少153万辆，下降5.95%。2021年，新注册登记机动车3674万辆，同比增长10.38%。

13-5
图形表达数据表

这组数据仍然可以采用绘制图形的方式表现，例如，采用圆形的方式表达，用圆形的大小表示数量的多少，直观地反映数据的变化。具体制作步骤如下。

1）单击"开始"选项卡中的"新建幻灯片"按钮，新建一个 WPS 幻灯片。

2）单击"插入"选项卡中的"形状"按钮，选择"基本形状"中的"椭圆"选项，按住〈Shift〉键的同时在页面中拖动鼠标绘制一个圆形，设置形状填充为蓝色，边框设置为"无线条颜色"，调整大小与位置。

3）继续在"插入"选项卡中，单击"文本框"下拉按钮，在弹出的下拉列表中选择"横向文本框"选项，拖动鼠标绘制一个横向文本框，在其中输入文本"3.1 亿辆"，选择文本，设置字体大小为 32，字体为"微软雅黑"，颜色为白色，把文字放置到蓝色圆圈的上方，调整其位置与大小，采用同样的方法插入文本"2017 年"，如图 13-27 所示。

4）采用同样的方法复制圆，使得圆逐渐放大，插入 2018 年、2019 年、2020 年、2021 年的其他数据文本，如图 13-28 所示。

图 13-27　插入 2017 年的汽车增长数据

图 13-28　插入连续 5 年的汽车数据

5）最后插入幻灯片所需的文本内容与线条即可。

3. 正文页：新能源车有多少？

内容信息：*2021 年全国新能源汽车保有量达 784 万辆，比 2020 年增加 292 万辆，增长 59.25%。其中，纯电动汽车保有量 640 万辆，比 2020 年增加 240 万辆，占新能源汽车总量的 81.63%。*

本例可以采用插入柱状表的方式来表达数量的变化，具体制作步骤如下。

1）单击"开始"选项卡中的"新建幻灯片"按钮，新建一个 WPS 幻灯片。

2）单击"插入"选项卡中的"图表"按钮，弹出"插入图表"对话框（如图 13-29 所示），选择"柱形图"图表类型，单击"插入"按钮，即可呈现柱形图，如图 13-20 所示。

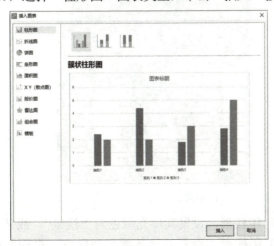
图 13-29　"插入图表"对话框

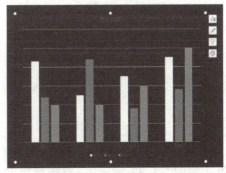
图 13-30　插入的默认柱形图

3）单击"图表工具"选项卡中的"编辑数据"按钮，弹出 WPS 表格，如图 13-31 所示。修改 WPS 表格中的具体数据，将第 1 行中的"系列 1"与"系列 2"分别修改为"2020 年"与"2021 年"；将第 1 列中的"类别 1"与"类别 2"分别修改为"新能源汽车"和"纯电动汽车"，删除多余的"类别 3"与"类别 4"两行数据，修改具体数据，如图 13-32 所示。

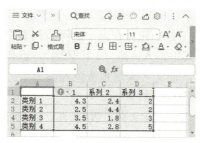
图 13-31　编辑 WPS 表格默认数据

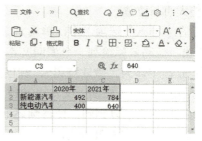
图 13-32　编辑 WPS 表格数据

4）关闭 WPS 表格，数据图表变换为新的样式，如图 13-33 所示。选择插入的柱形图，双击选择标题，按〈Delete〉键删除"标题"，同样，双击选择水平"网格线"，将其删除，双击选择纵向"坐标轴"，将其删除，页面效果如图 13-34 所示。

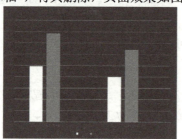
图 13-33　修改后的数据图表

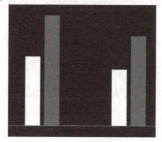
图 13-34　编辑新的图表

5）选择柱形图，单击"图表工具"选项卡中的"添加元素"下拉按钮，选择下拉列表中"数据标签"下的"数据标签外"选项（如图 13-35 所示），添加完成后图表中就会增加数据标签，分别选择标签内容，设置标签颜色为白色，页面效果如图 13-36 所示。

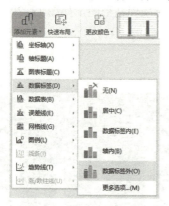
图 13-35　添加数据标签

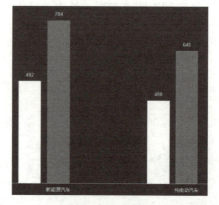
图 13-36　添加数据标签并修改颜色后的图表

6）选择插入的柱形图，双击白色的 2020 年柱形，设置其填充颜色为"浅蓝"，线条为白色（如图 13-37 所示），双击蓝色的 2020 年柱形，设置其线条颜色为白色，页面效果如图 13-38 所示。

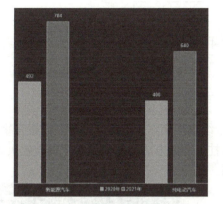

图 13-37 设置柱形的填充颜色与边框颜色效果 1

图 13-38 设置柱形的填充颜色与边框颜色后的效果 2

7）选择插入的柱状图，双击浅蓝色的 2020 年柱形，在"对象属性"窗格中设置系列相关选项，设置"系列重叠"为"0%"，"分类间距"为"80%"，如图 13-39 所示，图表显示效果如图 13-40 所示。

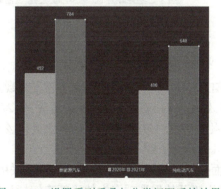

图 13-39 设置系列相关选项

图 13-40 设置系列重叠与分类间距后的效果

8）最后，添加文本"单位：万辆"，再依次添加竖虚线与相关文本。

13-7 表格的使用

4．正文页：多少城市汽车保有量超百万？

内容信息： 2021 年，全国 79 个城市汽车保有量超过 100 万辆。截至 2020 年底，北京、成都、重庆、苏州、上海、郑州、西安、武汉、深圳、东莞、天津、青岛、石家庄 13 市汽车保有量超过 300 万辆。

本例可以直接采用插入表格的方式来实现，插入表格后，设置表格的相关属性即可，具体方法如下。

1）单击"开始"选项卡中的"新建幻灯片"按钮，新建一个 WPS 幻灯片。

2）单击"插入"选项卡中的"表格"按钮，单击"插入表格"按钮，弹出"插入表格"对话框，设置行数为 2，列数为 14，如图 13-41 所示，单击"确定"按钮即可插入表格，双击表格，在"表格样式"选项卡中，单击"中度样式"按钮，表格将实现快速样式，输入相关文字后的效果如图 13-42 所示。

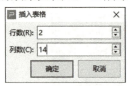

图 13-41　"插入表格"对话框

城市	北京	成都	重庆	苏州	上海	郑州	西安	武汉	深圳	东莞	天津	青岛	石家庄
数量	603	545	504	443	440	403	373	366	353	341	329	314	301

图 13-42　插入表格并设置样式后的效果

3）继续添加文本"数量：万辆"设置文字颜色为白色，调整文字位置即可。

制作柱形图的方法与前文类似，页面效果如图 13-43 所示。当然，也可以使用绘图的方式进行绘制。

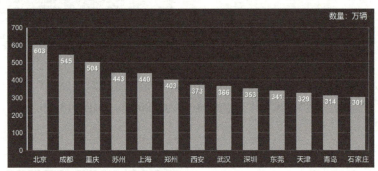

图 13-43　插入柱形图的效果

5．正文页：驾驶员有多少？

内容信息：2021 年，全国机动车驾驶人数量达 4.81 亿人，其中汽车驾驶人达 4.44 亿人。新领证驾驶人 2750 万人，同比增长 23.25%。从性别看，男性驾驶人 3.19 亿人，女性驾驶人 1.62 亿人，男女驾驶人比例为1.97∶1。

13-8
饼状图的应用

本页面重点反映驾驶员中的男女比例，采用饼图表达的方式较好。具体制作步骤如下。

1）单击"开始"选项卡中的"新建幻灯片"按钮，新建一个 WPS 幻灯片。

2）单击"插入"选项卡中的"图表"按钮，弹出"插入图表"对话框，选择"饼图"图表类型，如图 13-44 所示，单击"插入"按钮，即可呈现柱状图表，如图 13-45 所示。

3）单击"图表工具"选项卡中的"编辑数据"按钮，弹出 WPS 表格，编辑表格数据，如图 13-46 所示。效果如图 13-47 所示。

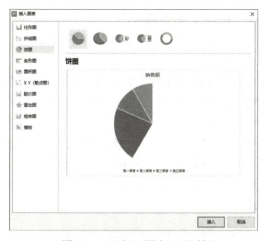

图 13-44 "插入图表"对话框

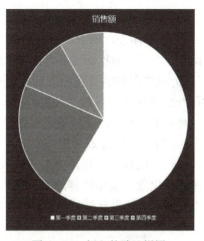

图 13-45 插入的默认饼图

图 13-46 编辑 WPS 表格数据

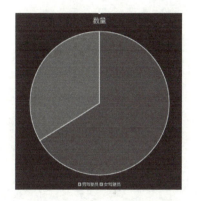

图 13-47 修改后的饼图效果

4)选择插入的饼状图,右击,在弹出的快捷菜单中选择"设置数据点格式"命令,在"对象属性"窗格的"系列"中设置"第一扇区起始角度"为-330°,"点爆炸型"为 2%,如图 13-48 所示,设置后的页面效果如图 13-49 所示。

图 13-48 设置系列相关选项

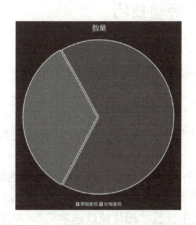

图 13-49 设置系列相关选项后的效果

5）选择标题，按〈Delete〉键将其删除，选择"图例"，将其删除。

6）选择图表，单击"图表工具"选项卡中的"添加元素"下拉按钮，选择下拉列表中"数据标签"中的"数据标签外"选项，即可实现显示图表标签。

7）双击左侧的蓝色图表标签，在"对象属性"窗格的"标签"中勾选"类别名称""值""百分比""显示引导线""图例项标示"等复选框，设置分隔符为"分行符"，如图 13-50 所示，对右侧深蓝色图表标签进行同样的设置，如图 13-51 所示。

8）为了使表现效果更加直观，选择标签内容，设置文字大小为 18；单击"插入"选项卡，单击"图片"按钮，弹出"插入图片"对话框，选择素材文件夹中的"男.png"图片，调整图片的位置，采用同样的方法插入"女.png"图片，调整图片的位置，至此，页面中的饼图可以直观地表达男驾驶员与女驾驶员的比例，页面效果如图 13-1e 所示。

图 13-50 设置标签相关选项

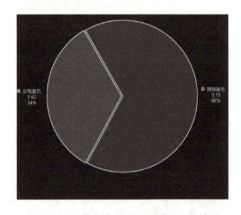

图 13-51 设置标签相关选项后的效果

13.3 案例小结

通过汽车行业数据图表 WPS 演示文稿的制作，学习了如何在 WPS 演示中制作图表、编辑图表、插入表格等操作，掌握了关于数据图表的操作与应用。

13.4 经验技巧

13.4.1 表格的应用技巧

1. 表格的封面设计

运用表格的方式设计 WPS 演示的封面，页面效果如图 13-52 所示。

13-9
表格的应用技巧

图 13-52 主要运用了对表格进行颜色填充以及运用图片作为背景的表达方法。制作图 13-52b 中的背景图片时，需要选择表格，然后右击，选择"设置形状格式"命令，在"设置形状格式"窗格中设置"图片或纹理填充"，单击"文件"按钮后选择所需图片即可，注意勾选"将图片平铺为纹理"复选框。

图 13-52　表格的封面设计

a) 纯文本与线条结合的封面设计　b) 线条与背景图结合文本的封面设计
c) 线条与小背景图结合文本的封面设计　d) 边框的封面设计

2. 表格的目录设计

运用表格的方式设计 WPS 演示的目录，页面效果如图 13-53 所示。

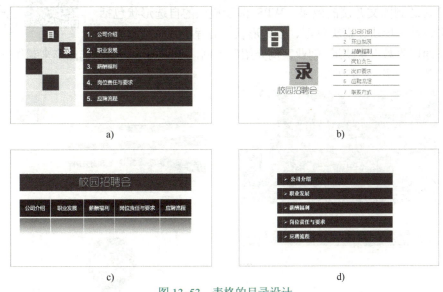

图 13-53　表格的目录设计

a) 左右结构的目录设计 1　b) 左右结构的目录设计 2　c) 上下结构的目录设计 1　d) 上下结构的目录设计 2

3. 表格的常规设计

运用表格可以设计 WPS 演示文稿中正文页的常规设计，如图 13-54 所示。

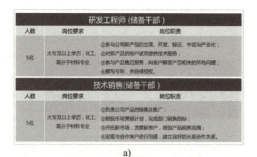

图 13-54　表格的常规应用设计

13.4.2　绘制自选图形的技巧

在制作演示文稿的过程中，对于一些具有说明性的图形内容，用户可以在幻灯片中插入自选图形的内容，并根据需要对其进行编辑，从而使幻灯片达到图文并茂的效果。WPS 演示提供的自选形状包括线条、矩形、基本形状、箭头总汇、公式形状、流程图、星与旗帜、标注等。下面以"易百米快递-创业案例介绍"为例，介绍利用绘制自选图形来制作一套模板的方法，页面效果如图 13-55 所示。

13-10
自定义形状的绘制

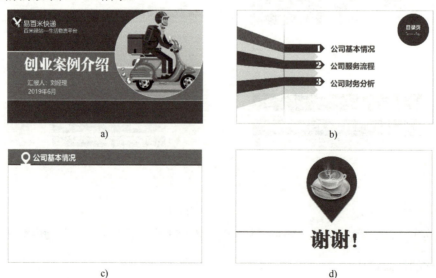

图 13-55　图形绘制模板
a) 封面　b) 目录　c) 正文页　d) 封底

通过对图 13-55 进行分析可知，本案例主要运用了绘制自选图形，例如矩形、泪滴形、任意多边形等，还运用了图形绘制的"合并形状"功能。

1. 绘制泪滴形

在图 13-55 中的封面、正文页、封底都使用了泪滴形，具体绘制方式如下。

单击"插入"选项卡，单击选项卡中"形状"下拉按钮，选择"基本形状"中的"泪滴形"选项，如图 13-56 所示，在页面中拖动鼠标绘制一个泪滴形，如图 13-57 所示。

图 13-56　插入泪滴形

图 13-57　插入泪滴形后的效果

选择绘制的泪滴形，设置图形的格式，对图形进行图片填充（图片见素材文件夹中的"封面图片.jpg"），效果如图 13-58 所示。

封底中的泪滴形的制作思路：选择绘制的泪滴形，将其旋转 90°，然后插入图片，将图片放置在泪滴图形的上方，效果如图 13-59 所示。

图 13-58　封面中的泪滴形效果

图 13-59　封底中的泪滴形效果

2. 图形的"合并形状"功能

图 13-55 中正文页的空心泪滴形的设计示意图如图 13-60 所示。

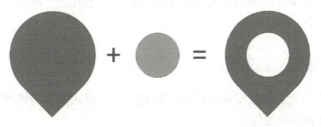

图 13-60　空心泪滴形图形的设计示意图

图 13-60 中图形的绘制思路：先绘制一个泪滴形，然后绘制一个圆形，将圆形放置在泪滴形的上方，然后调整位置，先用鼠标选择泪滴形，然后再选择圆形，如图 13-61 所示。

单击"绘图工具"选项卡中的"合并形状"按钮，选择"剪除"选项，如图 13-62 所示即可完成空心泪滴形的绘制。

图 13-61　选择绘制的两个图形

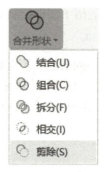

图 13-62　选择"剪除"选项

此外，还可以练习使用"合并形状"下拉列表中的"结合""组合"。

3. 绘制自选形状

图 13-55b 所示的目录主要使用了图 13-56 中的"任意多边形" （"线条"栏中的"拆分"等选项倒数第 2 个）图形实现。选择"任意多边形"工具，依次绘制 4 个点，闭合后即可形成四边形，如图 13-63 所示。按照同样的方法一次绘制即可完成目录页中立体图形的绘制，如图 13-64 所示。

图 13-63　绘制任意多边形

图 13-64　绘制的立体图形效果

在幻灯片中完成图形绘制后，还可以在所绘制的图形中添加一些文字，对所绘制的图形进行说明，进而诠释幻灯片的含义。

4. 设置叠放次序

在幻灯片中插入多张图片后，用户可以根据排版的需要，对图片的叠放次序进行设置。可以选择相应的对象，右击并在弹出的快捷菜单中选择"置于底层"命令，如果要实现置顶，就选择"置于顶层"命令。

13.4.3　智能图形的应用技巧

智能图形是信息和观点的视觉表示形式，它通过不同形式和布局的图形代替枯燥的文字。从而快速、轻松、有效地传达信息。

智能图形在幻灯片中有两种插入方法，一种是直接在"插入"选项卡中单击"智能图形"按钮；另一种是先用文字占位符或文本框完成文字输入，再利用转换的方法将文字转换成智能图形。

下面以绘制一张循环图为例介绍如何直接插入智能图形。

13-11
智能图形的应用

1）打开需要插入智能图形的幻灯片，切换到"插入"选项卡，单击"智能图形"按钮，如图 13-65 所示。

2）在弹出的"选择智能图形"对话框的左侧列表中选择"循环"分类，在右侧列表框中选择一种图形样式，这里选择"基本循环"图形，如图 13-66 所示，完成后单击"确定"按钮，插入的"基本循环"图形如图 13-67 所示。

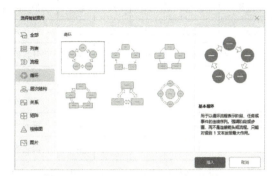

图 13-65 "智能图形"按钮　　　　　　　　图 13-66 "选择智能图形"对话框

注：智能图形包括"列表""流程""循环""层次结构""关系""棱锥图"等分类。

3）幻灯片中将生成一个结构图，结构图默认由 5 个形状组成，可以根据实际需要进行调整。如果要删除形状，只须在选中某个形状后按〈Delete〉键即可；如果要添加形状，则在某个形状上右击，在弹出的快捷菜单中选择"添加形状"→"在后面添加形状"命令即可。

4）设置好智能图形的结构后，接下来在每个形状中输入相应的文字，最终效果如图 13-68 所示。

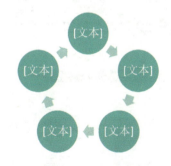 

图 13-67 插入的"基本循环"图形　　　　图 13-68 修改文本信息后的智能图像

13.5 拓展练习

根据文件"降低护士 24 小时出入量统计错误发生率.docx"中的信息，结合 WPS 演示中图表制作的技巧与方法制作 WPS 演示文件。

文件内容节选如下。

降低护士 24 小时出入量统计错误发生率

2020 年 12 月成立"意扬圈"①,成员人数:8 人,平均年龄:38 岁,圈长:沈*霖,辅导员:唐*凤。

圈内职务	姓名	年龄	资历	学历	职务	主要工作内容
辅导员	唐*凤	52	34	本科	护理部主任	指导
圈长	沈*霖	34	16	硕士	护理部副主任	分配案例、安排活动
副圈长	王*惠	45	25	本科	妇产大科护士长	组织圈员活动
圈员	仓*红	34	18	本科	骨科护士长	整理资料
	李*娟	40	21	本科	血液科护士长、江苏省肿瘤专科护士	幻灯片制作
	罗*引	31	11	本科	神经外科护士长、江苏省神经外科专科护士	整理资料、数据统计
	席*卫	28	8	本科	泌尿外科护士	采集资料
	杨*侠	37	18	本科	消化内科护士、江苏省消化科专科护士	采集资料

目标值的设定:2021 年 4 月前,24 小时出入量统计错误发生率由 32.50%下降到 12.00%。

根据以上内容制作的参考案例效果如图 13-69 所示。

a)

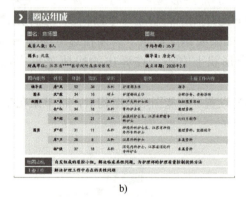

b)

c)

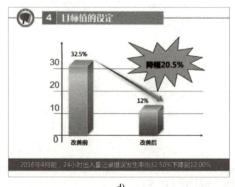

d)

图 13-69 "意扬圈"制作 WPS 演示页面效果

a)封面 b)正文页 1 c)正文页 2 d)正文页 3

---

① 医院对产品质量监控和管理的小组。

案例 14　诚信宣传动画制作

14.1　案例简介

14.1.1　案例需求与效果展示

诚实守信是人类千百年传承下来的优良道德品质，中华民族更是把诚信作为人之所以成为人的基本特点之一，认为人无信不立。在一般意义上，"诚"即诚实、诚恳，主要指主体真诚的内在道德品质；"信"即信用、信任，主要指主体"内诚"的外化。"诚"更多地指"内诚于心"，"信"则侧重于"外信于人"。"诚"与"信"组合后就形成了一个内外兼备、具有丰富内涵的词汇，其基本含义是指诚实无欺，讲求信用。

本案例利用 WPS 演示的动画功能，制作一个公益片头动画，效果如图 14-1 所示。

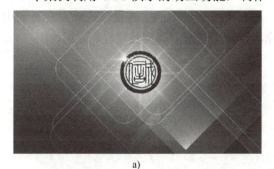 

a)　　　　　　　　　　　　　　　　　b)

图 14-1　诚信宣传动画效果图

a) 动画场景 1　b) 动画场景 2

14.1.2　案例目标

知识目标：
- 了解动画的概念与作用。
- 了解动画的原理与使用原则。

技能目标：
- 掌握 WPS 演示演示文稿中动画的使用。
- 掌握 WPS 演示演示文稿中插入音视频多媒体的方法。
- 掌握 WPS 演示演示文稿如何导出为视频格式。

素养目标：
- 提升诚信意识与创新意识。
- 提高分析问题、解决问题的能力。

WPS 办公应用案例教程

14.2 案例实现

本案例主要实现动画、音频以及视频的输出等操作。

14.2.1 插入文本、图片、背景音乐相关元素

利用插入文本、图形、图像等元素的方法插入相关元素,具体操作步骤如下。

14-1 插入各类元素

1)在"幻灯片编辑区"右击,单击"设置背景格式"按钮,在"对象属性"窗格中选择"填充"选项组中的"图片或纹理填充"单选按钮。单击"图片填充"下拉按钮,选择"本地文件"选项,选择素材文件夹中的"橙色背景.jpg"图片。

2)单击"插入"选项卡中的"图片"按钮,弹出"插入图片"对话框,选择素材文件夹中的"诚信篆刻.png"图片,采用同样的方法插入图片"光线.png",调整两幅图片的位置,效果如图 14-2 所示。

3)单击"插入"选项卡中的"形状"按钮,选择"线条"中的"直线"选项,在页面中拖动鼠标绘制一条直线,设置直线为白色,复制刚刚绘制的直线,调整其位置,效果如图 14-3 所示。

图 14-2 设置背景与插入两幅图片后的效果　　图 14-3 插入两条直线后的效果图

4)在"插入"选项卡中,单击"文本框"下拉按钮,选择"横向文本框"选项,此时鼠标指针会变成"+"形状,拖动鼠标即绘制一个横向文本框,在其中输入"内诚于心 外信于人",设置字体为"幼圆",字体大小为"53",文本颜色为白色。

5)在"插入"选项卡中,单击"音频"下拉按钮(如图 14-4 所示),选择"嵌入音频"选项,弹出"插入音频"对话框,选择素材文件夹中的音乐文件"背景音乐.wav",调整插入所有元素的位置后,页面效果如图 14-5 所示。

6)双击编辑区的音频按钮,在"音频工具"选项卡中,将音频触发方式由默认的"单击"改为"自动",如图 14-6 所示。

案例 14　诚信宣传动画制作

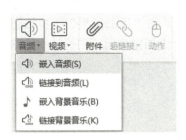

图 14-4　插入音频按钮

图 14-5　插入图片、文本、音乐后的位置

图 14-6　设置音频触发方式

14.2.2　动画的构思设计

依据图 14-5 中的图像元素，构思各个元素的入场动画顺序，同时播放背景音乐，动画的构思结构如图 14-7 所示。

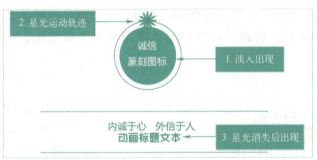

图 14-7　动画构思设计示意图

14.2.3　制作入场动画

依据动画构思，制作各个元素的入场动画，具体操作步骤如下。

1）选择图片"诚信篆刻.png"，单击"动画"选项卡，单击进入动画中的"回旋"动画，如图 14-8 所示。

14-2
入场动画

图 14-8　添加"回旋"动画

2）选择"星光.png"图片，单击"动画"选项卡中的"出现"动画，然后单击"自定义动画"按钮，屏幕右侧显示"自定义动画"窗格（如图 14-9），单击"添加效果"下拉按钮，添加"动作路径"组中的"圆形扩展"动画，如图 14-10 所示，添加完成后，幻灯片上的路径效果如图 14-11 所示。

图 14-9 "自定义动画"窗格

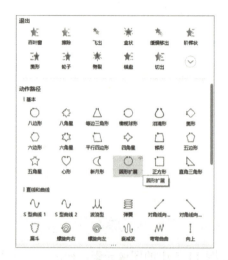

图 14-10 添加"圆形扩展"路径动画

3）选择图 14-11 中星光图像周围的虚心圆点，调整路径动画的大小，使其与"诚信篆刻.png"的圆形基本一致，将路径动画的起止点调整到"星光.png"的位置，如图 14-12 所示。

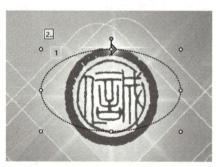

图 14-11 星光路径

图 14-12 调整后的星光路径

4）在"自定义动画"窗格中，设置"诚信篆刻"动画的触发方式，将"开始"选项由鼠标"单击时"修改为"之前"，如图 14-13 所示。

5）采用同样的方法设置"星光"动画的触发方式，将"开始"选项由鼠标"单击时"修改为"之前"，双击"星光"的绿色进入动画（或者右击并在快捷菜单中选择"计时"命令），弹出"出现"对话框，在"计时"选项卡中设置延迟为"0.5 秒"，如图 14-14 所示。

6）在"自定义动画"窗格中，设置"星光"的蓝色路径动画的触发方式，将"开始"选项由鼠标"单击时"改为"之前"。

图 14-13　设置"诚信篆刻"动画的触发方式为"之前"　　图 14-14　设置"星光"动画延迟 0.5s

7）选择"星光.png"图片，在"自定义动画"窗格中，单击"添加效果"下拉按钮，添加"退出"动画组中的"消失"动画，在"自定义动画"窗格中设置"消失"动画的触发方式为"之前"，双击"星光"退出动画（或者右击并在快捷菜单中选择"计时"命令），弹出"消失"对话框，将"计时"选项卡中的"延迟"设置为 2.5s。

8）选择"星光.png"图片，在"自定义动画"窗格中，单击"添加效果"下拉按钮，添加"强调"动画组中的"放大/缩小"动画，在"自定义动画"窗格中设置"放大/缩小"动画的触发方式为"之前"，"尺寸"为"400%"，"速度"为"非常快"，如图 14-15 所示。

9）双击"星光"的橙黄色强调"放大/缩小"动画（或者右击并在快捷菜单中选择"计时"命令），弹出"放大/缩小"对话框，将"计时"选项卡中的"延迟"设置为 2.0s，如图 14-16 所示。

图 14-15　设置"星光"的　　　　　图 14-16　将"星光"的"放大/缩小"
　　　　　"放大/缩小"动画　　　　　　　　　　　动画设置为延迟 2s

10）"诚信篆刻"与"星光"动画播放结束后，文字部分出场。选择文字上方的直线，单击"动画"选项卡"进入"动画组"细微型"中的"渐变"动画，然后在"自定义动画"窗格中，设置"渐变"动画的触发方式为"之前"，"速度"为"非常快"，双击直线的"渐变"动画（或者右击并在快捷菜单中选择"计时"命令），弹出"渐变"对话框，将"计时"选项卡中的"延迟"设置为 3.0s。

11）采用同样的方法给文字下方的直线添加"渐变"进入动画。

12）选择"内诚于心 外信于人"文字对象，单击"动画"选项卡"进入"动画组"华丽型"中的"挥鞭式"动画，然后在"自定义动画"窗格中，设置"挥鞭式"动画的触发方式为"之前"，"速度"为"非常快"，双击"内诚于心 外信于人"文字对象的"挥鞭式"动画（或者右击并在快捷菜单中选择"计时"命令），弹出"挥鞭式"对话框，在"计时"选项卡中设置"延迟"为 3.0s。

13）最后，单击"动画"选项卡中的"预览效果"按钮预览动画效果。

14.2.4　输出片头动画视频

宣传动画制作完成后，可以保存为.dps 演示文稿文件，便于下次使用 WPS 演示打开。也可以保存为.webm 格式的视频文件，使用视频播放器打开。保存为.webm 格式视频文件的具体操作方法如下。

14-3
视频输出

单击"文件"→"另存为"命令，设置保存类型为"WEBM 视频（*.webm）"，填写文件名即可，例如：诚信宣传动画制作，如图 14-17 所示，单击"保存"按钮，即可生成"诚信宣传动画制作.webm"视频文件。

图 14-17　设置文件名和文件类型

14.3　案例小结

通过本案例中动画的制作，体验了 WPS 演示中动画的设计原则、动画效果、WPS 演示的输出等。在实际应用中要选取恰当的动画制作策略，片头动画中素材的分辨率要高，格式要恰当。

关于动画的制作，读者要能举一反三，此外还应该学习一些关于动画的方法与技巧。

1. WPS 演示幻灯片动画的分类

在 WPS 演示中，动画效果主要分为进入动画、强调动画、退出动画和动作路径动画四类，此外，还包括幻灯片切换动画。用户可以对幻灯片中的文本、图形、表格等对象添加不同的动画效果。

"进入"动画：进入动画是指对象从"无"到"有"的动画效

14-4
WPS 演示幻灯片动画的分类

果。在触发动画之前,被设置为"进入"动画的对象是不出现的,在触发之后,那它或它们采用何种方式出现,就是"进入"动画要解决的问题。比如设置对象为"进入"动画中的"擦除"效果,可以实现对象从某一方向一点一点地出现的效果。"进入"动画幻灯片中一般都是使用绿色图标标识。

"强调"动画:是指强调对象从"有"到"有"的动画效果,前面的"有"是对象的初始状态,后面的"有"是对象的变化状态。这样两个状态上的变化,起到了对对象强调突出的目的。比如设置对象为"强调"动画中的"变大/变小"效果,可以实现对象从小到大(或从大到小)的变化过程,从而产生强调的效果。幻灯片中"强调"动画一般都是使用橙黄色图标标识。

"退出"动画:"退出"动画与"进入"动画正好相反,它可以使对象从"有"到"无"。触发后的动画效果与"进入"效果正好相反,对象在没有触发动画之前,是显示在屏幕上的,而当动画被触发后,则从屏幕上以某种设定的效果消失。如设置对象为"退出"动画中的"切出"效果,则在触发动画后对象会逐渐从屏幕上的某处切出,最终消失在屏幕上。幻灯片中"退出"动画一般都是使用红色图标标识。

"动作路径"动画:是对象沿着某条路径运动的动画,在 WPS 动画中也可以制作出同样的效果,就是将对象设置成"动作路径"动画效果。比如设置对象为"动作路径"中的"向右"效果,则在触发动画后对象会沿着设定的方向和路线移动。

2. 动画的衔接、叠加与组合

动画的使用讲究自然、连贯,实际应用中应恰当地运用动画,使动画看起来自然、简洁。想要制作出赏心悦目的动画效果,还应该掌握动画的衔接、叠加和组合。

(1)衔接

动画的衔接是指在一个动画执行完成后紧接着执行其他动画,即使用"之后"选项。衔接动画可以是同一个对象的不同动作,也可以是不同对象的多个动作。

片头动画星光图片先淡出出现,再按照圆形路径旋转,最后是星光放大的同时淡出消失,就是动画的衔接。

> 提示:为了能更加清晰看清几个动画的前后衔接关系,可以在"自定义动画"任务窗格中右击任意一个动画,再在快捷菜单中选择"显示高级日程表"命令,可以清晰地看到各个动画的先后衔接关系。

(2)叠加

对动画进行叠加,就是让一个对象同时执行多个动画,即设置"之前"选项。叠加可以是一个对象的不同动作,也可以是不同对象的多个动作。几个动作进行叠加之后,效果会变得丰富而特别。

动画的叠加是富有创造性的过程,它能够衍生出全新的动画类型。两种非常简单的动画进行叠加后产生的效果可能会非常不可思议,例如:路径+陀螺旋、路径+淡出、路径+擦除、淡出+缩放、缩放+陀螺旋等。

(3)组合

组合动画可以让画面变得更加丰富,是让简单的动画由量变到质变的手段。一个对象使用浮入动画,可能看起来非常普通,但是二十几个对象同时用浮入动画时效果就不同了。

动画的组合通常需要对动作的时间、延迟进行精心的调整。另外，充分利用动作的重复，可提高制作效率。

14.4 经验技巧

14.4.1 片头动画设计实现

手机划屏动画是图片的擦除动画与手的划动动画的组合应用。可以先制作图片滑动动画，然后制作手划屏动画，具体操作步骤如下。

14-6 手机划屏动画

1. 图片滑动动画的实现

首先制作图片滑动的擦除动画，具体操作步骤如下。

1）新建一个 WPS 演示文稿，命名为"手机划屏动画.dps"。

2）单击"插入"选项卡中的"图片"按钮，弹出"插入图片"对话框，依次插入"素材"文件夹中的"手机.png""葡萄与葡萄酒.jpg"两幅图片，调整大小与位置后，效果如图 14-18 所示。

图 14-18　图片的位置与效果 1

3）继续插入素材文件夹中的"葡萄酒.jpg"图片，调整其位置，使其完全放置在"葡萄与葡萄酒.jpg"图片的上方，效果如图 14-19 所示。

4）选择上方的图片"葡萄酒.jpg"，单击"动画"选项卡，选择"进入"动画中的"擦除"动画，效果如图 14-20 所示，然后单击"自定义动画"按钮，屏幕右侧显示"自定义动画"窗格，设置"擦除"动画的方向为"自右侧"。

图 14-19　图片的位置与效果 2

图 14-20　选择"擦除"动画

5)单击"动画"选项卡中的"预览效果"按钮预览动画效果,也可以单击"幻灯片放映"选项卡中的"从头开始"按钮预览动画。

2. 手划屏动画的实现

接下来制作手划屏的动画效果,应用组合图片的擦除动画实现整体效果,具体操作步骤如下。

1)选择"插入"→"图片"命令,弹出"插入图片"对话框,选择素材文件夹中的"手.png"图片,单击"插入"按钮,完成图片的插入操作,调整其位置后效果如图 14-21 所示。

2)选择刚刚插入的图片"手.png",单击"动画"选项卡,选择"进入"动画中的"飞入"动画,从而实现手的进入动画自底部飞入。但需要注意,单击"预览效果"按钮预览动画效果时,会发现两个动画需要单击鼠标后才能触发,也就是"葡萄酒"的擦除动画执行后,单击鼠标后手才能自屏幕下方出现,显然,两个动画的衔接不合理。

图 14-21 插入手的图片

3)在"动画"选项卡中单击"自定义动画"按钮,屏幕右侧显示"自定义动画"窗格,拖动"手 1"动画到"葡萄酒"动画的上方,设置"开始"为"之前",如图 14-22 所示。选择"葡萄酒"动画,设置触发开始为"之后",双击"葡萄酒"动画,在"计时"选项卡中设置"速度"为"0.8 秒",如图 14-23 所示。

图 14-22 调整动画顺序并设置动画触发方式　　图 14-23 设置"葡萄酒"动画的速度

4)选择"手 1"图片,单击"添加效果"下拉按钮,添加"动作路径"组中的"直线"动画,然后拖动鼠标自右向左绘制一条直线路径,如图 14-24 所示,其中,绿色箭头表示动画的起始位置,红色箭头表示动画的结束位置。

5）设置"手 1"图片的直线路径动画的"开始"为"之前"，如图 14-25 所示。双击"手 1"动画，在"计时"选项卡中设置"速度"为"0.8 秒"。

图 14-24　直线路径动画的起始与结束位置　　图 14-25　设置直线路径动画的"开始"与"速度"

注意：手动的横向运动与图片的擦除动画就是两个对象的组合动画。当同一对象有多个动画效果时，需要单击"添加效果"选项。

6）继续选择"手 1"图片，单击"添加效果"下拉按钮，添加"退出"动画组中的"飞出"动画，设置"开始"为"之后"，此时的"自定义动画"窗格如图 14-26 所示。单击"动画"选项卡中的"预览效果"按钮可以预览动画效果，如图 14-27 所示。

图 14-26　"自定义动画"窗格　　　　　　　图 14-27　动画效果

3．手机滑屏动画的前后衔接控制

动画的衔接控制也就是动画的时间控制，通常有两种方式。

第一种方式是通过"单击时""之前""之后"控制。

第二种方式是通过"计时"选项卡中的"延迟"时间来控制，它的根本思想是所有动画的开始方式都为"之前"，通过"延迟"时间来控制动画的播放时间。

第一种动画衔接控制方式在后期的动画调整时不是很方便，例如添加或者删除元素时。而第二种方式相对比较灵活，建议大家使用第二种方式。

4．其他几幅图片的划屏动画制作

1）选择"葡萄酒"与"手"两幅图片，按〈Ctrl+C〉快捷键复制这两幅图片，然后按〈Ctrl+V〉快捷键粘贴两幅图片，将两幅图片与原来的两幅图片对齐。

2）单独选择刚刚复制的"葡萄酒"图片，然后右击，单击"更改图片"按钮，选择素材文件夹中的"红酒葡萄酒.jpg"图片，打开"自定义动画"窗格，分别设置新图片与"红酒葡萄酒.jpg"的延迟时间。

3）采用同样的方法再次复制图片，使用素材文件夹中的"红酒.jpg"图片，最后调整不同动画的延迟时间即可。

14.4.2 WPS 演示中视频的应用

WPS 演示中可将计算机中已存在的视频插入到演示文稿中。具体操作方法如下。

1）打开"视频的使用.dps"，在"插入"选项卡中，单击"视频"下拉按钮，如图 14-28 所示，选择"嵌入本地视频"选项，弹出"插入视频"对话框，选择素材文件夹中的"视频样例.wmv"视频（如图 14-29 所示），单击"打开"按钮，即可插入视频。

图 14-28 嵌入本地视频

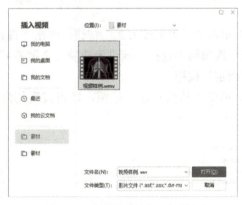

图 14-29 "插入视频"对话框

2）双击插入的视频，显示视频播放器，如图 14-30 所示，此时可以播放和调整视频的大小或者旋转角度等；同时自动切换到"视频工具"选项卡，如图 14-31 所示，在"视频工具"选项卡中可以对视频的播放、音量、播放触发方式、是否全屏播放等进行控制。

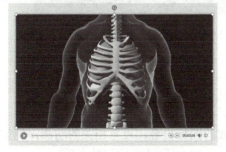

图 14-30 显示视频播放器

图 14-31 "视频工具"选项卡

14.4.3 WPS 演示中幻灯片的放映

制作 WPS 演示文稿的目的就是为了演示和放映。在放映幻灯片时，用户可以根据自己的需要设置放映类型。下面介绍两种常用的放映方式。

1. 演讲者放映方式

演讲者放映方式是一种自动运行的全屏放映方式，该方式为默认循环放映，按〈Esc〉键可终止放映。演讲者可以切换幻灯片，单击超链接或动作按钮，但是不可以更改演示文稿。

2. 展台浏览放映方式

展台浏览放映方式是一种自动运行的全屏放映方式，放映结束 5min 之内，用户没有指令则重新放映。学习者可以切换幻灯片、单击超链接或动作按钮，但是不可以更改演示文稿。

下面介绍如何设置幻灯片放映方式。

1）打开"手机滑屏动画.dps"演示文稿，打开"幻灯片放映"选项卡，如图 14-32 所示。

图 14-32 "幻灯片放映"选项卡

2）单击"设置放映方式"按钮，弹出"设置放映方式"对话框，如图 14-33 所示，在"放映类型"选项组中选择"演讲者放映（全屏幕）"单选按钮，勾选"显示演示者视图"复选框，单击"确定"按钮。

3）单击"从头开始"按钮，即可发现幻灯片会以演讲者放映方式进行放映，如图 14-34 所示。

图 14-33 "设置放映方式"对话框

图 14-34 以演讲者放映方式放映

14.5 拓展练习

根据"拓展训练-中国汽车权威数据发布.dps"中完成的图标内容，设置相关的动画，例如"目录"页中"表盘"的变化，页面效果如图 14-35 所示。

案例 14 诚信宣传动画制作

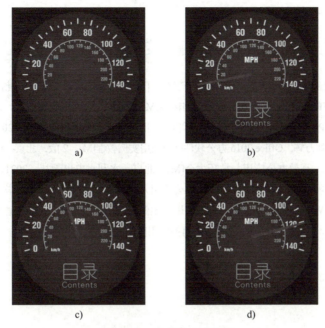

图 14-35 表盘的动画效果

参 考 文 献

[1] 冯注龙. WPS之光：全能一本通 Office办公三合一[M]. 北京：电子工业出版社，2021.
[2] IT新时代教育. WPS Office办公应用从入门到精通[M]. 北京：水利水电出版社，2019.
[3] 凤凰高新教育. WPS Office 2019完全自学教程[M]. 北京：北京大学出版社，2020.
[4] 候丽梅，赵永会，刘万辉. Office 2016办公软件高级应用实例教程[M]. 2版. 北京：机械工业出版社，2019.
[5] 何国辉. WPS Office高效办公应用与技巧大全[M]. 北京：水利水电出版社，2021.
[6] 李亚莉，姚亭秀，杨小麟. WPS Office 2019办公应用入门与提高[M]. 北京：清华大学出版社，2021.
[7] 贾小军，童小素. WPS Office办公软件高级应用与案例精选[M]. 北京：中国铁道出版社，2022.
[8] 王晓均. WPS Office 2019文字、演示和表格商务应用[M]. 北京：中国铁道出版社，2021.